高等学校"十三五"规划教材

Organic chemistry experiment

有机化学实验

邵 荣 总主编

冒爱荣 吴玉芹 主编

化学工业出版社

·北京·

内 容 简 介

《有机化学实验》共分为七章，分别为：有机化学实验基础知识、有机化学实验基本操作、有机化合物的性质实验、有机化合物的制备、非常规条件的有机合成方法、天然有机化合物提取、有机化学综合实验，共五十个实验。本教材中的实验项目尽可能地选用半微量实验，减少药品消耗，降低环境污染，树立绿色化学的理念。

本书可供化学、化工、环境、制药工程、生物工程、材料工程等相关专业本科生使用，也可供相关专业科研和实验工作者参考使用。

图书在版编目（CIP）数据

有机化学实验/冒爱荣，吴玉芹主编 . —北京：化学
工业出版社，2021.5（2025.2重印）
高等学校"十三五"规划教材
ISBN 978-7-122-38500-0

Ⅰ.①有… Ⅱ.①冒…②吴… Ⅲ.①有机化学-化
学实验-高等学校-教材 Ⅳ.①O62-33

中国版本图书馆 CIP 数据核字（2021）第 024585 号

责任编辑：李 琰 宋林青　　　　　　　　　　文字编辑：葛文文　陈小滔
责任校对：李雨晴　　　　　　　　　　　　　　装帧设计：韩 飞

出版发行：化学工业出版社（北京市东城区青年湖南街 13 号　邮政编码 100011）
印　　装：北京科印技术咨询服务有限公司数码印刷分部
787mm×1092mm　1/16　印张 11¼　字数 275　千字　　2025 年 2 月北京第 1 版第 4 次印刷

购书咨询：010-64518888　　　　　　　　　　售后服务：010-64518899
网　　址：http://www.cip.com.cn
凡购买本书，如有缺损质量问题，本社销售中心负责调换。

定　　价：29.80 元

高等学校"十三五"规划教材
《基础化学实验》编委会

总　主　编　邵　荣

副总主编　冒爱荣　吴俊方

编　　　委（以姓名拼音为序）

曹淑红　曹文辉　冒爱荣　邵　荣

孙明珠　王玉琴　吴俊方　吴玉芹

严　新　杨春红　姚　瑶

《有机化学实验》编写组

主　　　编　冒爱荣　吴玉芹

编　　　者（以姓名拼音为序）

何建玲　李红波　刘国良　刘　梁

孙开涌　陶　溪　周本华

前　言

为适应新工科建设和工程教育认证需要，编者结合盐城工学院多年来有机化学实验教学改革的经验和体会，精心编写了这本《有机化学实验》教材。教材借鉴了同类教材的优点，在原《工科化学基本实验》《基础化学实验》的基础上，将其中的有机化学实验内容单独列出，并对教材体系进行了优化，对教材内容进行了必要的补充。

本教材秉承原基础化学实验的理念，以向学生传授化学实验的基本知识，训练学生独立、规范操作的基本技能，使学生初步掌握从事化学研究的方法为目标，旨在培养学生的动手能力、严谨的科学态度和良好的工作作风，使学生具备独立思考问题、分析问题、解决问题的能力，以及运用所学化学知识和实验技术解决复杂工程问题的能力。基于此，本教材增加了基本操作和性质实验的内容，便于学生进一步规范实验基本操作，并通过实验直观地验证所学理论知识；同时还介绍了几种非常规条件的合成方法，以拓宽学生的视野。在教材内容的编排上，力求由浅入深，由简单到综合，由理论到应用，既方便教师教学，又有利于学生自主学习。本教材中的实验项目尽可能地选用半微量实验，减少药品消耗，降低环境污染，树立绿色化学的理念。

本书力求概念清晰、层次分明、阐述简洁易懂，具有较强的实用性和可读性。本书可供化学、化工、环境、制药工程、生物工程、材料工程等相关专业本科生使用，也可供相关专业科研和实验工作者参考使用。

本教材的出版获得了盐城工学院校级自编教材出版基金的资助，在此表示感谢！

由于编者水平有限，书中难免有疏漏和不妥之处，敬请读者不吝赐教和批评指正！

编　者
2020 年 6 月

目 录

第一章 有机化学实验基础知识

一、有机化学实验的主要内容和特点 ———————————————— 1

二、有机化学实验室规则 ———————————————————— 2

三、有机化学实验室安全知识 ————————————————— 3

四、有机化学实验常用玻璃仪器及装置 ————————————— 8

五、有机化学实验常用仪器设备 ———————————————— 14

六、有机化学反应实施方法 —————————————————— 23

七、有机化学实验报告书写 —————————————————— 29

八、微型化学实验简介 ———————————————————— 32

九、绿色化学简介 —————————————————————— 33

十、危险化学品常识 ————————————————————— 34

第二章 有机化学实验基本操作

实验一 熔点测定及温度计校正 ———————————————— 37

实验二 有机化合物沸点测定 ————————————————— 41

实验三 折射率的测定 ———————————————————— 43

实验四 旋光度的测定 ———————————————————— 46

实验五 重结晶及过滤 ———————————————————— 48

实验六 简单蒸馏 —————————————————————— 54

实验七 分馏 ———————————————————————— 57

实验八 减压蒸馏 —————————————————————— 59

实验九 共沸蒸馏 —————————————————————— 62

实验十 水蒸气蒸馏 ————————————————————— 63

实验十一 萃取 ——————————————————————— 66

实验十二 柱色谱 —————————————————————— 71

实验十三 纸色谱 —————————————————————— 74

实验十四 薄层色谱 ————————————————————— 75

第三章　有机化合物的性质实验

实验十五　卤代烃的化学性质 ———————————————— 79
实验十六　醇、酚、醚的化学性质 ———————————————— 80
实验十七　醛、酮的化学性质 ———————————————— 83
实验十八　糖类化合物的化学性质 ———————————————— 87
实验十九　胺和酰胺的化学性质 ———————————————— 90
实验二十　氨基酸和蛋白质的化学性质 ———————————— 93

第四章　有机化合物的制备

实验二十一　正溴丁烷的制备 ———————————————— 97
实验二十二　环己酮的制备 ———————————————— 99
实验二十三　三苯甲醇的制备 ———————————————— 100
实验二十四　乙酸乙酯的制备 ———————————————— 103
实验二十五　乙酸正丁酯的制备 ———————————————— 105
实验二十六　苯胺的制备 ———————————————— 106
实验二十七　硝基苯的制备 ———————————————— 109
实验二十八　乙酰苯胺的制备 ———————————————— 110
实验二十九　肉桂酸的制备 ———————————————— 112
实验三十　正丁醚的制备 ———————————————— 113
实验三十一　正丁醛的制备 ———————————————— 115
实验三十二　己二酸的制备 ———————————————— 116
实验三十三　对甲苯磺酸的制备 ———————————————— 118
实验三十四　甲基橙的制备 ———————————————— 120

第五章　非常规条件的有机合成方法

实验三十五　微波辐射下 β-萘甲醚的制备 ———————————— 122
实验三十六　碘仿的电化学合成 ———————————————— 124
实验三十七　光化异构化及顺、反偶氮苯的分离 ———————— 126
实验三十八　苯片呐醇的制备 ———————————————— 127

第六章　天然有机化合物提取

实验三十九　从茶叶中提取咖啡碱 ———————————————— 130
实验四十　从黑胡椒中提取胡椒碱 ———————————————— 132

实验四十一　从果皮中提取果胶 ———————————————— **134**

实验四十二　从黄连中提取黄连素 ———————————————— **135**

实验四十三　从黄花蒿叶中提取青蒿素 ————————————— **137**

实验四十四　从植物中提取天然香料 —————————————— **139**

实验四十五　从银杏叶中提取黄酮类有效成分 ———————— **141**

实验四十六　从蛋黄中提取卵磷脂 ———————————————— **143**

第七章　有机化学综合实验

实验四十七　己内酰胺的制备 —————————————————— **145**

实验四十八　糖精钠的制备 ——————————————————— **147**

实验四十九　安息香缩合及安息香的转化 ——————————— **150**

实验五十　对氨基苯磺酰胺（磺胺药物）的合成 ——————— **156**

附录

附录一　常用浓酸、浓碱的密度和浓度 ——————————— **161**

附录二　常用液体的折射率 ——————————————————— **161**

附录三　常用有机溶剂的沸点和密度 —————————————— **162**

附录四　常见糖类及其衍生物的比旋光度$[\alpha]_D^{20}$ ————— **162**

附录五　部分共沸混合物的性质 ———————————————— **162**

附录六　有机物常用干燥剂的性能 ———————————————— **164**

附录七　典型有机分子的核磁共振数据 ———————————— **165**

附录八　溶剂的纯化 ——————————————————————— **167**

参考文献

第一章　有机化学实验基础知识

有机化学是一门以实验为基础的自然科学，实验是有机化学学科体系中不可分割的重要组成部分。通过实验可以验证所学理论知识，并巩固和加深对理论知识的理解。实验的不断创新，可推动理论的发展，使整个学科不断进步和完善。

有机化学实验课程是化学、化工类相关专业的一门重要基础课。通过本课程的学习，学生可以掌握有机化学实验的基本操作技能，学会正确选择有机化合物的合成、分离、提纯和分析鉴定的方法，培养学生动手能力、创新能力、工程意识、分析和解决复杂工程问题的能力，以及严谨的工作作风、实事求是的科学态度、团队协作精神。

一、有机化学实验的主要内容和特点

1. 有机化学实验的主要内容

（1）有机化合物的制备

有机化合物的制备是有机化学实验的主要内容之一，掌握制备程序和操作方法是有机化学实验课程的基本要求。制备前的准备工作主要包括查阅文献、了解反应物和产物的性质、确定合成路线和设计实施方案等。制备过程要合理选择反应装置，确定原料配比、加料方式、反应温度和反应时间等。反应结束后通常还需要进行产物的分离提纯与结构鉴定等。

（2）有机化合物的分离提纯

有机化学反应的一个重要特点是副产物多，制备结束得到的往往是有机物的混合物。因此，分离提纯成为有机化学实验中的一项重要内容，掌握分离提纯的理论和实验技术是实验课程不可缺少的部分。常用分离提纯技术包括以下几种：

① 分离提纯固体或固-液有机混合物的方法：重结晶、过滤、膜分离、升华、沉淀和离心等技术；

② 分离提纯液体有机混合物的方法：蒸馏、萃取等技术；

③ 精细分离提纯方法：色谱和电泳技术；

④ 天然产物的提取方法：水蒸气蒸馏法、溶剂提取法、萃取法和升华法等。

（3）有机化合物的结构鉴定

结构是化学性质的决定性因素，不同的结构常常有着不同的性质，相似的结构也具有相近的性质。有机化合物的结构变化异常丰富，其空间结构的变化更是丰富多彩，研究有机化合物的结构十分重要，且又富有挑战性。有机化合物的结构鉴定包括经典的化学分析法和现代仪器分析法。化学分析法鉴定官能团具有简单易行、操作方便的特点，但难以确定化合物的精细结构；而现代仪器分析法在推测复杂有机物的结构时具有方便、快捷、精确等明显优势。常用的现代分析技术主要有紫外光谱、红外光谱、拉曼光谱、核磁共振波谱、质谱、X射线衍射、旋光和圆二色谱等。

2. 有机化学实验的特点

与无机化合物相比，有机化合物具有的显著特点是多数有机化合物不溶于水、熔沸点低、易燃、分解温度低以及异构体多等。因此，有机化学实验技术与方法与其他学科有明显的不同。

（1）有机化学反应的特点

多数有机化学反应比较慢，需要几个小时、几天甚至几个月才能完成；多数有机化学反应的副反应多，反应不能定量进行，所以反应式往往不需要配平；较多的副反应导致有机化学反应的产率较低。基于这些特点，在有机化学反应中，需要严格控制反应条件，减少副反应发生，并通过适当的方法和技术来缩短反应时间。

（2）有机化合物分离提纯的特点

有机化学反应的复杂性导致合成产物多为混合物，分离提纯成为有机化学实验的一项重要内容。通常情况下，对于结构和性质上差别较大的有机物，可以采用蒸馏、萃取、升华、重结晶、过滤等经典实验技术进行分离。对于结构相近、性质相似且很难用经典实验技术分离的有机物，则要依靠色谱和电泳等近代化学技术进行分离提纯。大多数情况下，需要综合多种实验技术才能达到理想的分离效果。

（3）有机化合物结构鉴定的特点

有机化合物结构层次复杂多样，结构鉴定十分困难，不但要依据元素分析、物理常数测定和化学性质鉴别，还要综合运用色谱分析、质谱分析和光谱分析等多种近现代技术，才能获得准确的鉴定结果。

（4）有机化学实验环境的特点

由于有机化合物沸点低、易挥发、易燃、易爆且毒性较大，因此实验环境要有良好的通风设备，要有防火、防爆、防中毒的设施与预案，要配备分类回收容器和危险品贮存设施，要有详细的危险品使用记录。有机化学实验较复杂，所涉及的实验仪器设备也较多。因此，实验室要具有科学规范的管理制度，才能保障实验工作的顺利开展。

二、有机化学实验室规则

有机化学实验室经常会使用易燃、易爆、有毒和强腐蚀性试剂，易引发火灾、爆炸、中毒等安全事故。为防止发生实验室安全事故，在有机化学实验室进行实验的人员必须认真阅读并严格遵守有机化学实验室规则。

① 牢固树立"安全第一"的思想，时刻注意实验室安全。学会正确使用水、电、通风橱和灭火器等，了解事故的一般处理方法。

② 进入实验室前，认真预习实验内容，明确实验目的及要掌握的操作技能，了解实验步骤、所用药品的危害性及安全操作方法，并撰写预习报告。

③ 进入实验室，应穿戴个人防护用品（如实验服、护目镜、防护手套），不准穿拖鞋进入实验室，女生长发应扎起。禁止在实验室内吸烟、饮食，不得在实验室进行与实验无关的

一切活动。

④ 实验课开始后，先认真听指导老师讲解实验，然后严格按照操作规程安装好实验装置，经老师检查合格后方可进行下一步操作。

⑤ 实验过程中，应按预定的实验方案，集中精力，认真操作，仔细观察并如实记录实验现象，同时应保持实验台面整洁。

⑥ 实验过程中，应保持安静，同学间可适当就实验现象进行研讨，但不许谈论与实验无关的问题，实验中途不得擅自离开实验室。

⑦ 取用药品应在老师指定的地方（一般在通风橱内）进行。取用药品前，应仔细阅读药品标签，按需取用，避免浪费；取完药品后，要及时盖好试剂瓶塞，并将台秤和药品台擦净。严禁将药品瓶拿至自己的实验台称取，不得任意移动或更换实验室公用仪器和药品的摆放位置。

⑧ 实验过程中所产生的所有废弃物应倒入指定的回收容器中，严禁倒入水池及垃圾桶中；产物也应按同样方法回收。

⑨ 实验完成后，应将实验记录交老师审核，由老师签字确认。及时清洗用过的玻璃仪器，清点无误后放回原处，清理打扫个人实验台面，经老师许可后，方可离开实验室。离开实验室前，应认真洗手。

⑩ 值日生应做好实验室的整体卫生工作，将实验器材、试剂摆放至指定位置，并检查水、电是否安全，关闭门窗，经老师检查合格后，方可离开实验室。

三、有机化学实验室安全知识

在有机化学实验中，需要大量使用有机试剂和有机溶剂，这些物质大多数都易燃、易爆，且具有一定的毒性。如：乙醇、乙醚、丙酮、苯及石油醚等属于易燃溶剂，氢气、乙炔及苦味酸等属于易爆的气体和药品，氰化物、硝基苯、有机磷化物及有机卤化物等属于有毒试剂，苛性钠、苛性钾、溴、浓硫酸、浓硝酸、浓盐酸、苯酚等属于腐蚀性药品。在实验中如使用不当，则可能发生火灾、爆炸、中毒等事故。此外，有机化学实验所用仪器多为玻璃制品，如不注意，不但会损坏仪器，还会造成割伤，并且比一般割伤更易感染。因此，开展有机化学实验时，必须高度重视实验室安全工作。提前做好实验预习，严格规范操作，实验过程中坚守岗位，集中精力，避免事故的发生。

1. 火灾的预防及处理

有机化学实验中所用的溶剂大多为易燃物质，因此着火是最可能发生的事故之一。引起着火的原因很多，如用敞口容器加热低沸点的溶剂、加热方法不正确等。为了防止着火，实验中必须注意以下几点：

① 不能用敞口容器加热或放置易燃、易挥发的化学试剂。应根据实验要求和物质的特性，选择正确的加热方法。如对沸点低于80℃的液体，在蒸馏时，应采用间接加热法，而不能直接加热。

② 尽量防止或减少易燃物气体的外逸。处理和使用易燃物时，应远离明火，注意室内通风，及时将蒸气排出。

③ 易燃、易挥发的废弃物，不得倒入废液缸和垃圾桶中，应专门回收处理。

④ 实验室不得存放大量易燃、易挥发性物质。

实验室一旦着火，应及时采取正确的措施，控制事故的扩大。首先，应立即切断电源，移走易燃物。然后，再根据易燃物的性质和火势，采取适当的方法扑救。

① 烧瓶内反应物着火时，用石棉布盖住瓶口，火即熄灭。

② 地面或桌面着火时，若火势不大，可用淋湿的抹布或沙子灭火。

③ 衣服着火时，应立即到室内紧急喷淋装置处，打开水阀灭火。若没有紧急喷淋装置，应就近卧倒，用石棉布把着火部位包起来，或在地上滚动以压灭火焰，切忌在实验室内乱跑。

④ 火势较大时，应采用灭火器灭火。

干粉灭火器是有机化学实验室最常用的灭火器。使用时，应先上下颠倒摇晃使干粉松动，然后拔掉铅封，拉出保险销，接着用左手扶喷管，在距离火源两米的地方，将喷嘴对准火焰根部，右手用力压下压把，将喷管对准火源来回喷射，直到火焰被扑灭。这种灭火器，灭火后的危害小，特别适用于扑灭油类、可燃性气体、电器设备和精密仪器的初期火灾。常用灭火器的性能及特点见表1-1。

不管使用哪一种灭火器，都是从火的周围向中心扑灭。

表 1-1　常用灭火器的性能及特点

灭火器类型	药液成分	适用范围及特点
二氧化碳灭火器	液态 CO_2	适用于扑灭电器设备、小范围的油类及忌水的化学药品的着火
泡沫灭火器	$Al_2(SO_4)_3$ 和 $NaHCO_3$	适用于油类着火，但污染严重，后处理麻烦
四氯化碳灭火器	液态 CCl_4	适用于扑灭电器设备、小范围的汽油、丙酮等着火。不能用于扑灭活泼金属钾、钠的着火，因 CCl_4 会强烈分解，甚至爆炸。在高温下还会产生剧毒的光气
干粉灭火器	碳酸氢钠等盐类物质与适量的润滑剂和防潮剂	适用于扑灭油类、可燃性气体、电器设备、精密仪器、图书文件等物品的初期火灾
酸碱灭火器	H_2SO_4 和 $NaHCO_3$	适用于扑灭非油类和电器着火的初期火灾

需要注意的是：水在大多数场合下不能用来扑灭有机物的着火。因为一般有机物都比水轻，泼水后，火不但不熄，反而漂浮在水面燃烧，水流促进火势蔓延，将会造成更严重的火灾事故。

⑤ 火势不易控制时，应立即疏散同学，并拨打火警电话119！

2. 爆炸的预防与处理

在有机化学实验室中，发生爆炸事故一般有三种情况：

① 易燃有机溶剂（特别是低沸点易燃溶剂）在室温时就具有较大的蒸气压。空气中混杂易燃有机溶剂的蒸气压达到某一极限时，遇到明火即发生燃烧爆炸。表1-2为常用易燃溶剂的蒸气爆炸极限。而且，有机溶剂蒸气都比空气的密度大，会沿着桌面或地面漂移至较远处，或沉积在低洼处。因此，切勿将易燃溶剂倒入废物缸内，更不能用敞口容器盛放易燃溶剂。倾倒易燃溶剂应远离火源，最好在通风橱中进行。

② 某些化合物容易发生爆炸，如过氧化物、芳香族多硝基化合物等，在受热或受到碰撞时均会发生爆炸。含过氧化物的乙醚在蒸馏时也有爆炸的危险。乙醇和浓硝酸混合在一起，会引起极强烈的爆炸。

③ 仪器安装不正确或操作不当时，也可引起爆炸。如蒸馏或反应时实验装置被堵塞，减压蒸馏时使用不耐压的仪器等。

表 1-2　常用易燃溶剂的蒸气爆炸极限

名称	沸点/℃	闪点/℃	爆炸范围(体积分数)/%
甲醇	65.0	11	6.72～36.50
乙醇	78.5	12	3.28～18.95
乙醚	34.5	−45	1.85～36.5
丙酮	56.2	−18	2.55～12.80
苯	80.1	−11	1.41～7.10

为了防止爆炸事故的发生，应注意以下几点：

① 使用易燃易爆物品时，应严格按照操作规程操作，要特别小心。

② 反应过于猛烈时，应适当控制加料速度和反应温度，必要时采取冷却措施。

③ 在用玻璃仪器组装实验装置之前，要先检查玻璃仪器是否有破损。

④ 常压操作时，不能在密闭体系内进行加热或反应，要经常检查实验装置是否被堵塞，如发现堵塞应停止加热或反应，将堵塞排除后再继续加热或反应。

⑤ 减压蒸馏时，不能用平底烧瓶、锥形瓶、薄壁试管等不耐压容器作为反应瓶或接收瓶。

⑥ 无论是常压蒸馏还是减压蒸馏，均不能将液体蒸干，以免局部过热或产生过氧化物而发生爆炸。

实验室如发生爆炸事故，室内人员应积极采取有效措施，防止事态扩大。如迅速切断电源，将易燃、易爆物品转移至安全区域。如爆炸后起火，应将灭火器喷出口对准火焰根部，并从火的四周开始向中心进行扑救。如果有人员不幸受伤，小伤用急救箱处理，大伤应及时送医院处理。

3. 中毒的预防及处理

大多数化学药品都具有一定的毒性。中毒主要是通过呼吸道和皮肤接触有毒物品，而对人体造成危害。因此，预防中毒应做到以下几点：

① 实验前要了解药品性能，称量时应使用工具、戴乳胶手套，尽量在通风橱中进行。特别注意的是勿使有毒药品触及五官及伤口处。

② 反应过程中可能生成有毒气体的实验，应加气体吸收装置，并将残余尾气导至室外。

③ 用完有毒药品或实验完毕时，要用肥皂将手洗净。

实验室如发生中毒事故，请按如下方法处理：溅入口中尚未咽下者应立即吐出，用大量水冲洗口腔。如已吞下，应根据毒物的性质服用解毒剂，并立即送医院救治。

① 腐蚀性毒物：对于强酸，先饮大量水，然后服用氢氧化铝膏、蛋清；对于强碱，也应先饮大量水，然后服用醋、酸果汁、蛋清。不论是酸中毒还是碱中毒，皆应再以牛奶灌注，不要吃呕吐剂。

② 刺激剂及神经性毒物：先给牛奶或蛋清使之冲淡和缓和，再用一大匙硫酸镁（约 30 g）溶于一杯水中催吐。有时也可用手指伸入喉部促使呕吐，然后立即送医院救治。

③ 气体毒物：将中毒者移至室外，解开衣领及纽扣。吸入少量氯气或溴者，可用碳酸氢钠溶液漱口。

4. 灼伤的预防及处理

皮肤接触高温、低温或腐蚀性物质后均有可能被灼伤。为防止灼伤事故的发生，在接触这类物质时，应戴好防护手套和护目镜。实验室如发生灼伤事故，应按下列要求处理：

① 碱灼伤：先用大量水冲洗创面 15 min 以上，再用 1%～2% 的乙酸（醋酸）或硼酸溶液中和创面上的碱性物质，然后再用水冲洗 10～20 min，最后涂上烫伤膏。

② 酸灼伤：先用大量水冲洗创面 15 min 以上，然后用 1%～2% 的碳酸氢钠溶液中和创面上的酸性物质，然后再用水冲洗 10～20 min，最后涂上烫伤膏。

③ 溴灼伤：应立即用大量水冲洗创面，再用酒精擦洗或用 2% 的硫代硫酸钠溶液洗至灼伤处呈白色，然后涂上甘油或鱼肝油软膏加以按摩。

④ 热水烫伤：一般在患处涂上红花油，然后涂上烫伤膏。

⑤ 金属钠灼伤：先用镊子移走可见的小块金属钠，再用乙醇擦洗，然后用水冲洗，最后涂上烫伤膏。

以上这些物质一旦溅入眼睛中（金属钠除外），应立即用大量水对眼部进行彻底冲洗，并及时去医院治疗。

5. 割伤的预防及处理

有机化学实验中主要使用玻璃仪器。使用时，最基本的原则是：不能对玻璃仪器的任何部位施加过度的压力。

需要用玻璃管和塞子连接装置时，用力处不要离塞子太远，如图 1-1 中（a）和（c）所示。图 1-1 中（b）和（d）的操作是错误的。尤其是插入温度计时，要特别小心。

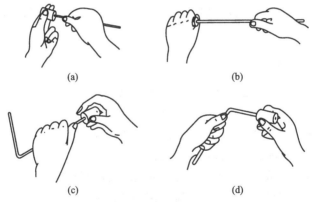

（a）   （b）

（c）   （d）

图 1-1　玻璃管与塞子连接时的操作方法

（a）、（c）正确操作；（b）、（d）错误操作

新割断的玻璃管断口处特别锋利，使用时，要将断口处用火烧至熔化，或用小锉刀将其锉成圆滑状。

发生割伤后，应先将伤口处的玻璃碎片取出，再用生理盐水将伤口洗净，涂上红药水，用纱布包好。若割破静（动）脉血管，流血不止时，应先止血。具体方法是：在伤口上方 5～10 cm 处用绷带扎紧或用双手掐住，立即送医院救治。

6. 水电安全

进入实验室，应首先了解水电开关及总闸的位置在何处，而且要掌握它们的使用方法。如：实验开始时，应先缓缓接通冷凝水（水量要小），再接通电源、打开电热套，但绝不能用湿手或手握湿物去插或拔插头。使用电器前，应检查线路连接是否正确，电器内外要保持干燥，不能有水或其他溶剂。实验结束后，应先关掉电源，再去拔插头，而后关冷凝水。值日生在完成值日后，要关掉所有的水闸及总电闸。

人体通过 1 mA、50 Hz 的交流电就有感觉，通电 10 mA 以上会使肌肉强烈收缩，通电 25 mA 以上则呼吸困难，甚至停止呼吸，通电 100 mA 以上则使心脏的心室产生纤维性颤动，以致无法救活。直流电在通过同样电流的情况下，对人体也有相似的危害。

安全用电注意事项如下：

① 实验时要注意观察电源是否发热、发烫，是否有烟味气体散发和实验室内是否有电器老化等现象。若发现异常，应及时报修，防止意外发生。

② 一切电源裸露部分都应有绝缘装置，所有电器设备的金属外壳应接上地线。

③ 操作电器时，手必须干燥。实验时，应先连接好电路，再接通电源。实验结束后，先切断电源，再拆线路。

④ 若室内有氢气、煤气等易燃、易爆气体，应防止产生电火花，否则会引起火灾或爆炸。电火花经常在电器接触点（如插销）、继电器工作时以及开关电闸时产生。因此，当实验室有易燃、易爆气体时，应注意室内通风，电线的接头要接触良好、包扎牢固，在继电器上连接电容器，以减弱电火花等。

⑤ 如遇着火，则应首先切断电路，用砂土、干粉灭火器或四氯化碳灭火器等灭火，禁止用水或泡沫灭火器对导电液体灭火。

⑥ 如果遇到有人触电，应首先切断电源，然后对触电者进行人工呼吸并送医院抢救。

7. 实验室常用急救用品

① 消防器材：泡沫灭火器、四氯化碳灭火器、二氧化碳灭火器、砂箱、灭火毯、毛毡和棉胎等。

② 应急装置：洗眼器和紧急喷淋装置等。

③ 急救药箱：药箱中配备碘酊、汞溴红（红汞）、紫药水、甘油、3％双氧水、70％医用酒精、2％醋酸溶液或饱和硼酸溶液、1％～5％碳酸氢钠溶液、烫伤药膏、万花油、药用蓖麻油、硼酸膏或凡士林、磺胺药粉、消毒棉花、创可贴、棉签、纱布、橡皮膏、胶布、绷带、医用剪刀、镊子等。

8. 废弃物的处理

有机化学实验常产生废气、废液和废渣（通称"三废"）。如不养成良好习惯，对"三废"乱弃、乱倒、乱扔，轻则堵塞下水道，重则腐蚀水管、污染环境、影响身体健康。因此，一定要提倡环境保护，遵守国家的环保法规。有机化学实验室的废弃物可采用如下方法处理：

① 所有实验废物应按固体、液体，有害、无害等分类收集于不同的容器中，对一些难处理的有害废弃物可送环保部门进行专门处理。

② 少量的酸（如盐酸、硫酸等）或碱（如氢氧化钠、氢氧化钾等）在倒入下水道之前必须被中和，并用水稀释。有机溶剂废液要回收到指定的带有标签的回收瓶或废液缸中集中处理。

③ 无害的固体废物（如滤纸、碎玻璃、软木塞、沸石、氧化铝、硅胶等）可直接倒入普通的废物箱中，不应与其他有害固体废物相混。有害固体废物应放入带有标签的广口

瓶中。

④ 易燃、易爆的废弃物（如金属钠）应由教师处理，学生切不可自主处理。对可能致癌的物质，应格外小心处理，避免与身体接触。

四、有机化学实验常用玻璃仪器及装置

在有机化学实验中，经常要使用一些玻璃仪器和实验装置。熟悉所用仪器和装置的性能，掌握各种仪器和装置正确的使用方法以及维护方法，对实验人员来说十分必要。

玻璃仪器一般是由软质玻璃和硬质玻璃制作而成的。软质玻璃耐温、耐腐蚀性较差，但是价格便宜。一般用它制作的仪器均不耐温，如普通漏斗、量筒、抽滤瓶、干燥器等。硬质玻璃具有较好的耐温性和耐腐蚀性，制成的仪器可在温度变化较大的情况下使用，如烧瓶、烧杯、冷凝管等。

有机化学实验所用玻璃仪器一般分为普通玻璃仪器和标准磨口玻璃仪器两种。标准磨口是指接口部位的尺寸标准化，按统一标准加工成磨口，相同尺寸内外口可相互紧密连接，不需要橡胶塞和打孔，装配容易，拆洗方便。标准磨口玻璃仪器口径的大小，通常用数字编号来表示，该数字是指磨口最大端的直径（毫米），常用的有 10、14、19、24、29、34、40、50 等。有时也用两组数字来表示，另一组数字表示磨口的长度。例如 14/30，表示此磨口直径最大处为 14 mm，磨口长度为 30 mm。相同编号的磨口、磨塞可以直接连接。有时两个玻璃仪器，因磨口编号不同而无法直接连接时，可借助不同编号的转接头使之连接。下面分类介绍玻璃仪器的种类和用途。

1. 常用的玻璃仪器

常用的玻璃仪器如表 1-3 所示。

表 1-3　常用的玻璃仪器

序号	仪器图示	规　格	用　途	备　注
1	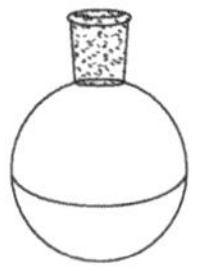 圆底烧瓶 　茄形烧瓶	25 mL(19♯) 50 mL(19♯) 100 mL(19♯) 250 mL(19♯) 500 mL(19♯)	25 mL、50 mL 用作接收瓶。100 mL、250 mL、500 mL 用作反应瓶，也可用于回流装置及加热装置	
2	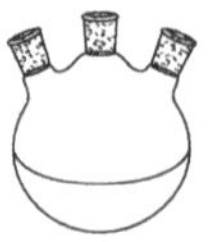 三口烧瓶	100 mL(19♯×3) 250 mL(19♯×3)	用作反应瓶，三口可分别安装搅拌器、冷凝管、温度计等	
3	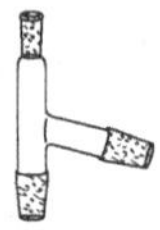 蒸馏头	14♯×3 19♯×3	与圆底烧瓶、冷凝管等连接成蒸馏装置	每次用完一定要将蒸馏装置拆开、洗净
4	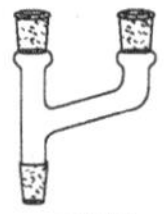 Y形管	19♯×3	上面两口可连接回流装置或同时连接温度计和回流装置	每次用完一定要将蒸馏装置拆开、洗净

序号	仪器图示	规　格	用　途	备　注
5	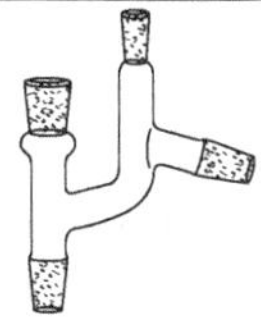 克氏分馏头	19♯×4	减压蒸馏时用	每次用完一定要将蒸馏装置拆开、洗净
6	 空气冷凝管	19♯×2	产物沸点温度高于140 ℃时蒸馏用	
7	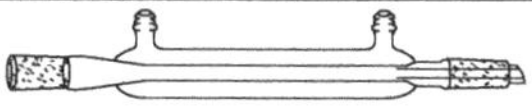 直形冷凝管	19♯×2	一般蒸馏冷凝用	
8	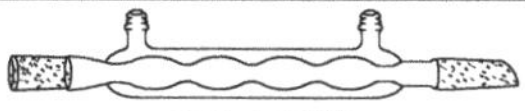 球形冷凝管	19♯×2	回流时用	
9	 牛角管	19♯	与冷凝管连接，回收产品用	
10	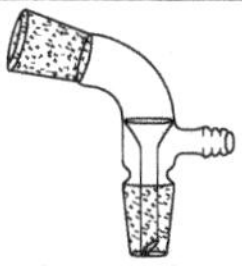 真空接引管	19♯×2	与冷凝管连接，回收产品用	
11	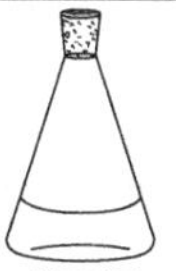 锥形瓶	100 mL(19♯) 200 mL(19♯) 300 mL(普通)	上连牛角管或真空接引管，接收产物	不可用作反应瓶，不可直接加热，不可用于减压系统
12	 温度计	100 ℃ 200 ℃ 300 ℃	用于反应液温度或沸点的测定	用完后不可马上用冷水冲洗
13	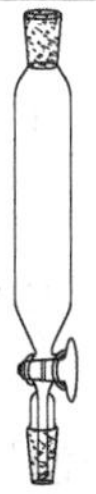 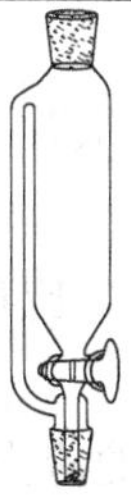 筒形滴液漏斗　恒压滴液漏斗	60 mL 125 mL(19♯×2)	用于连续反应的液体滴加	烘干时塞子要拿出，使用时塞子要涂凡士林，用完放纸片
14	 球形滴液漏斗	60 mL 100 mL	用于连续反应时的液体滴加，并且可直接把液体滴加到反应液中	烘干时塞子要拿出，使用时塞子要涂凡士林，用完放纸片

序号	仪器图示	规　格	用　途	备　注
15	 分液漏斗	125 mL(19♯) 250 mL(19♯)	用于溶液的萃取及分离	烘干时塞子要拿出,使用时塞子要涂凡士林,用完放纸片
16	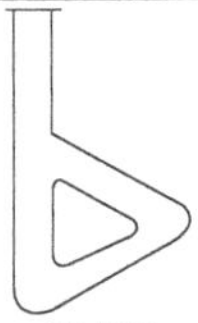 熔点管	管外径 24 mm, 细管直径 10 mm, 细管全长 150 mm	测熔点用	
17	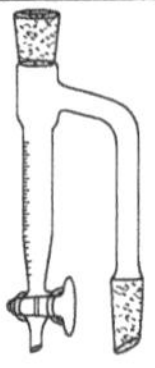 分水器	19♯×2	用于共沸蒸馏	用完后立即洗净,活塞处放纸片
18	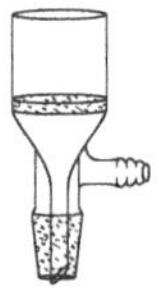 布氏漏斗 　抽滤瓶	500 mL,100 mL 按直径大小分	用于减压过滤	不能直接加热

2. 玻璃仪器使用注意事项

① 使用时,应轻拿轻放。

② 不能用明火直接加热玻璃仪器,用电炉加热时应垫石棉网。

③ 不能用高温加热不耐温的玻璃仪器,如普通漏斗、量筒、抽滤瓶等。

④ 玻璃仪器使用完后,应及时清洗干净,特别是标准磨口仪器放置时间太久,容易黏结在一起,很难拆开。如果发生此情况,可用热水煮黏结处或用热风吹母口处,使其膨胀而脱落,还可用木槌敲打黏结处。玻璃仪器最好自然晾干。

⑤ 带旋塞或具塞的仪器清洗后,应在塞子和磨口接触处夹放纸片或涂抹凡士林,以防黏结。

⑥ 标准磨口仪器磨口处要干净,不能粘有固体物质。清洗时,应避免用去污粉擦洗磨口。否则,会使磨口连接不紧密,甚至会损坏磨口。

⑦ 安装仪器时,应做到横平竖直,磨口连接处不应受到歪斜的应力,以免仪器破裂。

⑧ 一般使用时,磨口处无需涂润滑剂,以免粘有反应物或产物。但是反应中使用强碱时,则要涂润滑剂,以免磨口连接处因碱腐蚀而黏结在一起,无法拆开。当减压蒸馏时,应在磨口连接处涂润滑剂(真空脂),保证装置密封性好。

⑨ 用温度计时应注意不要用冷水洗热的温度计,以免炸裂,尤其是水银球部位,应冷却至室温后再冲洗。不能用温度计搅拌液体或固体物质,以免损坏。

⑩ 温度计打碎后,要把硫黄粉洒在水银球上,然后汇集在一起处理。不能将水银球冲

到下水道中。

3. 玻璃仪器的选择

有机化学实验的反应装置都是由一件件玻璃仪器组装而成的，实验中应根据要求选择合适的仪器。一般选择仪器的原则如下：

① 烧瓶的选择：根据液体的体积而定，一般液体的体积应占容器体积的 $1/3 \sim 2/3$，进行减压蒸馏和水蒸气蒸馏时，液体体积不应超过烧瓶容积的 $1/3$。

② 冷凝管的选择：一般情况下，回流用球形冷凝管，蒸馏用直形冷凝管。当蒸馏温度超过 140 ℃ 时，可改用空气冷凝管，以防温差较大时直形冷凝管受热不均匀而炸裂。

③ 温度计的选择：实验室一般备有 100 ℃、200 ℃、300 ℃ 三种温度计，根据所测温度可选用不同的温度计。一般选用的温度计要比被测温度高 10 ~ 20 ℃。

4. 常用的反应装置

在有机化学实验中，安装好实验装置是做好实验的基本保证。反应装置一般根据实验要求组合。常用的反应装置介绍如下：

（1）回流装置

在实验中，有些反应和重结晶样品的溶解往往需要煮沸一段时间。为了不使反应物和溶剂的蒸气逸出，常在烧瓶口垂直装上球形冷凝管，冷却水自下而上流动，这就是一般的回流装置。回流操作时应注意两点，第一是加热前不要忘记加沸石；第二是蒸气上升应控制在不超过第二个球为宜。图 1-2 介绍了六种常见的回流装置。

图 1-2（a）是最简单的回流装置。将反应物加入圆底烧瓶中，在适当的热源上加热，直立的冷凝管夹套中自下而上通入冷水，水流速度不必很快，能保持蒸气充分冷凝即可。加热的程度也需控制，使蒸气上升的高度不超过冷凝管的 $1/3$。如果反应物怕受潮，可在冷凝管上端口接氯化钙干燥管，如图 1-2（b）所示。如果反应中放出有害气体（如氯化氢），可在冷凝管上口连接气体吸收装置，如图 1-2（c）所示。在进行某些可逆平衡反应时，为了使反应不断向右移动，可将反应产物之一不断从反应体系中除去，常采用回流分水装置［图 1-2（d）］除去生成的水。回流下来的蒸气冷凝液进入分水器分层后，有机层自动被送回烧瓶，而生成水可从分水器中放出去。有些反应过程剧烈，放热量大，如将反应物一次加入，会使反应失去控制；有些反应为了控制产物的选择性，也不能将反应物一次加入。在这些情况下，可采用滴加液体的回流装置［图 1-2（e）］，将一种试剂逐渐滴加进去，常用恒压滴液漏斗进行滴加。如需控制温度，可采用带控温的滴加回流装置［图 1-2（f）］。

（2）气体吸收装置

图 1-3 为实验室常见的三种气体吸收装置。在这些装置中都是采用水吸收的办法，因此，被吸收的有刺激性气体必须具有水溶性（如氯化氢、二氧化硫等）。对于酸性物质，有的需用稀碱液吸收。图 1-3 中的（a）、（b）只能用来吸收少量气体。图 1-3（a）中的三角漏斗口不要全浸入吸收液中，否则，体系内的气体被吸收或一旦反应瓶冷却时会形成负压，水就会倒吸。如果气体排出量较大或速度较快时，可用图 1-3（c）中的装置。

（3）搅拌装置

有些反应是在均相溶液中进行的，一般不用搅拌，因为加热时溶液存在一定程度的对流，从而保持液体各部分均匀地受热。但是，如果是非均相间反应，或者反应物之一是逐渐

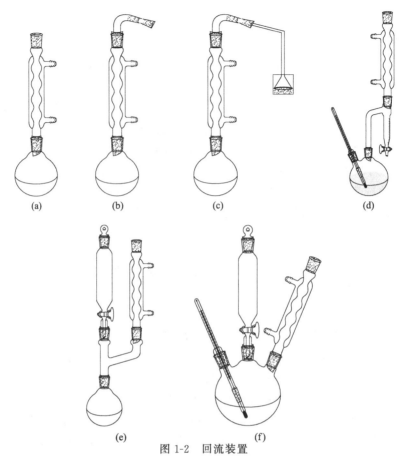

图 1-2　回流装置

（a）普通回流装置；（b）防潮回流装置；（c）气体回收回流装置；（d）带分水器的回流装置；
（e）滴加液体的回流装置；（f）带控温的滴加回流装置

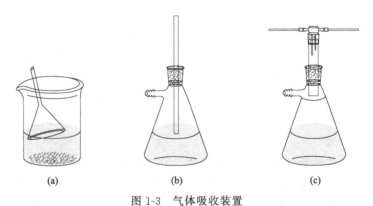

图 1-3　气体吸收装置

（a）、（b）吸收少量气体；（c）吸收量较大或速度较快气体

滴加，或者反应产物是固体，这时反应过程就需要不断搅拌，使反应物混合均匀，防止局部过浓、过热而导致其他副反应发生。在许多合成实验中使用搅拌装置，不但可以较好地控制反应温度，而且能缩短反应时间和提高产率。图 1-4 为三种常用的搅拌装置，其中（a）为可测量反应温度的搅拌装置，（b）为可以同时进行回流和滴加液体的搅拌装置，（c）为集测

温、滴加、回流于一体的搅拌装置。

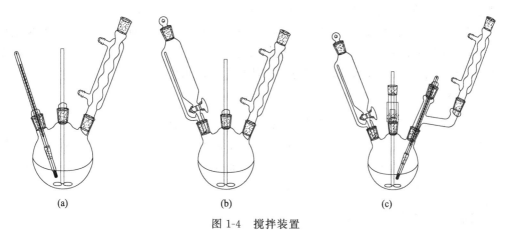

图 1-4 搅拌装置

（a）可测温；（b）可同时回流和滴加液体；（c）可同时测温、滴加液体、回流

（4）蒸馏装置

蒸馏是分离两种或两种以上沸点相差较大的液体和除去有机溶剂的常用方法。图 1-5 为四种常用的蒸馏装置，可用于不同要求的场合。图 1-5(a) 是最常用的蒸馏装置，由于这种装置出口处与大气相通，可能逸出馏出液蒸气，若蒸馏易挥发的低沸点液体时，需将接液管

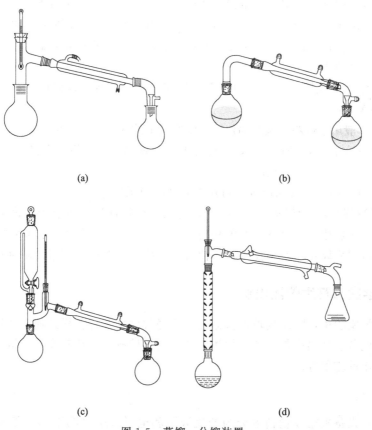

图 1-5 蒸馏、分馏装置

（a）普通蒸馏装置；（b）简易蒸馏装置；（c）连续蒸馏装置；（d）分馏装置

的支管连上橡皮管，通向水槽或室外。若蒸馏物需要防潮，可在接液管支管口处接一干燥管。图 1-5（b）为简易的蒸馏装置，可进行溶剂回收操作。图 1-5（c）为蒸除较大量溶剂的装置，由于液体可自滴液漏斗中不断地加入，既可调节滴入和蒸出的速度，又可避免使用较大的蒸馏瓶。图 1-5（d）为分馏装置，当反应可逆，反应过程需要蒸出产物之一，但体系多种物质间沸点差小于 30 ℃时，就要用分馏方法把沸点较低的化合物或共沸物蒸出。

5. 仪器的选择、装配与拆卸

安装仪器时，应选择好仪器的位置，要先下后上，先左后右，逐个将仪器固定组装。所有的仪器要横平竖直，所有的铁架、铁夹、烧瓶夹都要在玻璃仪器的后面。拆卸的顺序则和组装的方向相反。拆卸前，应先停止加热，移走热源，待稍冷却后，先取下产物，然后再逐个拆掉。拆冷凝管时要注意不要将水洒在电热套上。

6. 玻璃仪器的洗涤与干燥

（1）玻璃仪器的洗涤

实验中所用仪器必须保持洁净，实验台面放置的仪器、用具必须整齐。实验人员应养成实验完毕后立即清洗仪器的习惯，因为当时对残渣的成因和性质是清楚的，容易找出合适的处理方法。如酸性或碱性残渣，可分别用碱液或酸液处理。

最简单的洗涤方法是用毛刷和去污粉或合成洗衣粉洗刷，再用清水冲洗；对于金属氧化物和碳酸盐，可用盐酸洗；银镜和铜镜可用硝酸洗；对于一些焦油和炭化残渣，若用强酸或强碱洗不掉，可采用铬酸洗液浸洗，有时也可用废弃有机溶剂（回收的有机溶剂）清洗。

一般实验中所用仪器洗净的标准是：仪器倒置时，器壁不挂水珠。

（2）玻璃仪器的干燥

① 晾干：洗净的仪器，在规定的地方（如滴水架）倒置一段时间，任其自然风干。这是最简单的干燥方法。

② 烘干：一般用电烘箱。洗净的仪器，倒净其中的水，放入烘箱。箱内温度保持在105～110 ℃。烘干 1 h 左右后，停止加热，待冷却至室温取出即可。烘干分液漏斗和滴液漏斗时，要拔掉活塞或盖子，才可以加热烘干。

③ 吹干：对冷凝管和蒸馏瓶等，可用电吹风将仪器吹干。

④ 用有机溶剂干燥：体积小且急需干燥的仪器可用此法。将仪器洗净后，先用少量乙醇或丙酮摇洗，然后用电吹风吹，开始用冷风吹 1～2 min，当大部分溶剂挥发后吹入热风至完全干燥，再用冷风吹去残余蒸气，不使其又冷凝在容器内。用过的溶剂应倒入回收瓶。

五、有机化学实验常用仪器设备

在有机化学实验中，除用到玻璃仪器外，还经常用到各种各样的辅助仪器和设备，如称量设备、干燥设备、加热冷却设备、搅拌设备、减压设备、旋转蒸发器、钢瓶、减压器、紫外分析仪和高压反应釜等。

1. 称量设备

实验室称量设备根据称量精度分为托盘天平和电子天平（图 1-6）。托盘天平用于精度不高的称量。托盘天平的一般称量量程为 1000 g，精度为 0.1 g。称量时，左边秤盘放被称量物质，右边秤盘放砝码，通过移动游码至两边平衡。被称量的化学药品必须放在称量纸上或烧杯中，切不可直接放在秤盘上，以保持秤盘的清洁。称量完成后，应将砝码放回盒中。

(a)　　　　　　　　　　　(b)

图 1-6　称量设备

(a) 托盘天平；(b) 电子天平

电子天平也是实验室常用的称量设备，尤其在微量和半微量实验中经常使用。电子天平是用电磁力平衡被称物体重力的天平，一般采用应变式传感器、电容式传感器、电磁平衡式传感器。常用普通电子天平的精度为 0.01 g。与托盘天平相比，电子天平的特点是称量准确可靠、显示快速清晰，并且具有自动检测系统、简便的自动校准装置以及超载保护等装置，能满足有机化学实验的要求。在使用前，学生应仔细阅读使用说明或认真听取指导教师讲解。

电子天平是一种比较精密的仪器，在使用时应注意维护和保养。

① 将电子天平置于稳定的工作台上，避免震动、气流及阳光照射。

② 在使用前，调整水平仪气泡至中间位置。

③ 称量易挥发和具有腐蚀性的物品时，要盛放在密闭的容器中，以免腐蚀或损坏电子天平。

④ 操作天平不可过载使用，以免损坏天平。

⑤ 天平内应放置干燥剂，常用变色硅胶，应定期更换。

2. 干燥设备

实验室常用的干燥设备主要有气流干燥器、恒温鼓风干燥箱、真空干燥箱和电吹风等，见图 1-7。

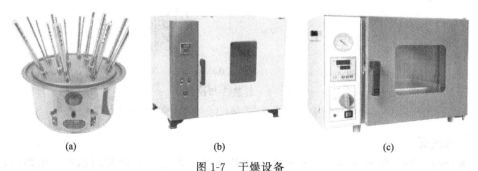

(a)　　　　　　　　　(b)　　　　　　　　　(c)

图 1-7　干燥设备

(a) 气流干燥器；(b) 恒温鼓风干燥箱；(c) 真空干燥箱

(1) 气流干燥器

气流干燥器可以快速烘干多件玻璃仪器。气流干燥器有冷风挡和热风挡，使用时将洗净沥干的仪器挂在它的多孔金属管上，开启热风挡，可在数分钟内烘干，再以冷风吹冷。气流干燥器的电热丝较细，当仪器烘干取下后，应随手关闭开关，不可使其持续数小时吹热风，否则会烧断电热丝。若仪器壁上的水没有沥干，会顺着多孔金属管滴落在电热丝上，造成短路而损坏干燥器。

（2）恒温鼓风干燥箱

恒温鼓风干燥箱是实验室必备的仪器设备。恒温鼓风干燥箱的加热温度为 50～300 ℃，主要用于干燥玻璃仪器或无腐蚀性、无挥发性、热稳定性好的药品，切不可用来干燥易挥发、易燃、易爆物质。烘干玻璃仪器时，一般温度设定在 105～110 ℃，鼓风可以加速仪器的干燥。仪器放入烘箱时，器皿口应向上，防止水珠流出滴到其他仪器上造成炸裂。带有活塞或旋塞的仪器（如分液漏斗和滴液漏斗）必须拔下塞子，擦去油脂后才能放入干燥箱中干燥。厚壁仪器、橡皮塞和塑料制品等不宜在烘箱中干燥。

（3）真空干燥箱

真空干燥箱是在真空下加热的干燥设备，也是实验室必备的仪器设备，用来干燥熔点较低或在高温下容易分解的药品。工作时可使工作室内保持一定的真空度，并能够向内部充入稀有气体，特别是一些成分复杂的物品也能使用真空干燥箱进行快速干燥。

（4）电吹风

电吹风是实验室快速干燥玻璃仪器的设备。电吹风手柄上的选择开关一般分为三挡，即关闭挡、冷风挡、热风挡，并附有颜色为白、蓝、红的指示牌。有些电吹风的手柄上还装有电动机调速开关，供选择风量的大小及热风温度高低时使用。使用电吹风时，其进出风口必须保证畅通无阻，否则不但达不到使用效果，还会造成过热而烧坏。

3. 加热冷却设备

实验室常用的加热冷却设备有电热套、恒温水浴锅和低温冷却液循环泵等，见图 1-8。

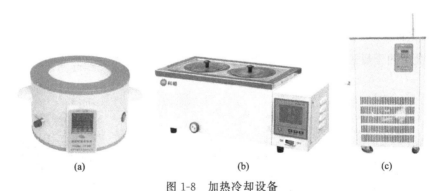

图 1-8　加热冷却设备
（a）电热套；（b）恒温水浴锅；（c）低温冷却液循环泵

（1）电热套

电热套是一种实验室常用的加热仪器，多用于玻璃容器的精确控温加热。电热套由玻璃纤维丝与电热丝编织成的半圆形的内套和控制电路组成，外边加上金属外壳，中间填上保温材料，分不可调和可调两种。根据内套直径的大小分为 50 mL、100 mL、150 mL、200 mL、250 mL、500 mL 等规格。电热套加热时不用明火，使用较为安全，同时具有升温快、温度高、操作简便、经久耐用等特点，是做精确控温加热实验的理想仪器。使用时不要将药品洒在电热套内，以免加热时药品挥发而污染环境。加热烧瓶时，烧瓶不要接触电热套的内壁。

（2）恒温水浴锅

恒温水浴锅常用来加热或保温低沸点有机化合物，可控制温度在50～100 ℃。由于无明火，可防止易燃、易爆事故的发生。加水时，应注意切断电源。使用结束后，应将温度旋钮置于最小值，并切断电源。长时间不使用时，应将锅内的水排尽擦干。

（3）低温冷却液循环泵

低温冷却液循环泵可代替干冰和液氮进行低温反应，底部带有磁力搅拌，具有搅拌及内循环系统，使槽内温度更为均匀，可单独做低温、恒温循环泵使用或提供恒温冷源。

4. 搅拌设备

实验室常用的搅拌设备主要有电动搅拌器、磁力加热搅拌器和集热式磁力搅拌器等，见图1-9。

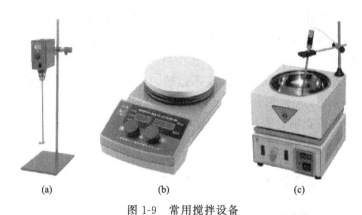

图 1-9　常用搅拌设备

（a）电动搅拌器；（b）磁力加热搅拌器；（c）集热式磁力搅拌器

（1）电动搅拌器

在有机化学实验中，电动搅拌器通常用于在常量非均相反应中搅拌液体反应物。电动搅拌器的主要组成部分包括电动机、轴承座、机架、联轴器、搅拌轴、叶轮和调速器等。使用时应注意以下几点：

① 应先将搅拌棒与电动搅拌器连接好，再将搅拌棒用套管或塞子与反应瓶固定好。

② 在开动搅拌机前，应用手先空试搅拌机转动是否灵活，如不灵活，应找出摩擦点，进行调整，直至转动灵活。

③ 保持清洁干燥，注意防潮、防腐蚀。

④ 如电机长期不用，应向电机的加油孔中加一些机油，以保证电机正常运转。

（2）磁力加热搅拌器

磁力加热搅拌器主要用于搅拌或同时加热搅拌低黏稠度的液体或固液混合物，特别适合微型实验。其基本原理是磁场的同性相斥、异性相吸，使用磁场推动放置在容器中的带磁性的搅拌子进行圆周运动，从而达到搅拌液体的目的。配合温控加热系统，可以根据具体实验要求加热并控制样本温度，维持实验体系所需的温度条件，保证液体混合达到实验需求。使用时应注意接上地线，不能超负荷。使用时间不宜过长，不搅拌时不可加热。保持清洁干燥，严禁将溶液流入机内，以免损坏仪器。

（3）集热式磁力搅拌器

集热式磁力搅拌器集加热与搅拌于一体，具有无噪声、无震动、升温快等优异性能。集热锅用优质不锈钢冲压而成，与特制加热管和耐高温密封组合，可加水（水浴）、加油（油浴），以及干烧，也是其主要优点所在。加热部分与电器箱之间采用散热板隔离，在高温加热搅拌下，不影响整机电器性能。使用时，接通电源，盛杯准备就绪，打开不锈钢容器盖，将盛杯放置在不锈钢容器中间，往不锈钢容器中加入导热油或硅油至恰当高度，将搅拌子放入盛杯溶液中。开启电源开关，指示灯亮，将调速电位器按顺时针方向旋转，搅拌转速由慢到快，调节到要求转速为止。加热时，连接温度传感器探头，将探头夹在支架上，移动支架使温度传感器探头插入溶液中不少于 5 cm，但不能影响搅拌。开启控温开关，设定所需温度，按控温仪上"＋""－"按钮设置需恒温温度，表头显示数值为盛杯中实际温度，加热停止，自动恒温。集热式磁力搅拌器可长时间连续加热恒温。

使用时应注意以下几点：

① 为保证安全，防止电击伤人，使用时请将三脚安全插座接上地线。

② 不锈钢容器没有加入导热油及没有连接温度传感器时，千万不要开启控温开关，以免电热管及恒温表损坏。

③ 搅拌时如发现搅拌子不同步跳动或不运转，应切断电源，检查容器底面是否平整地置于锅中心处。

④ 仪器使用应保持整洁，若长期不用，应切断电源。

5. 减压设备

实验室常用的减压设备有循环水式多用真空泵和油泵等，见图 1-10。

(a)   (b)

图 1-10 减压设备

(a) 循环水式多用真空泵；(b) 油泵

（1）循环水式多用真空泵

循环水式多用真空泵是实验室常用的减压设备，广泛用于蒸发、蒸馏、结晶、过滤、减压、升华等操作中。循环水式多用真空泵是以循环水作为流体，利用射流产生负压的原理而设计的一种新型多用真空泵，为化学实验室提供真空条件，并能向反应装置提供循环冷却水。由于水可以循环使用，避免了直排水的现象，节水效果明显。因此，循环水式多用真空泵是实验室理想的减压设备，一般用于对真空度要求不高的减压体系中。

使用循环水式多用真空泵时应注意以下几点：

① 真空泵抽气口最好接一个缓冲瓶，以免停泵时水被倒吸入反应瓶中，使反应失败。

② 开泵前，应检查是否与体系接好，然后打开缓冲瓶上的旋塞。开泵后，用旋塞调至所需要的真空度。关泵时，先打开缓冲瓶上的旋塞，拆掉与体系的接口，再关泵。切忌相反操作。

③ 有机溶剂对水泵的塑料外壳有溶解作用，所以应经常更换（或倒干）水泵中的水，以保持水泵的清洁完好和真空度。

（2）油泵

油泵也是实验室常用的减压设备，常用于对真空度要求较高的反应中。其效能取决于泵的结构及油的好坏（油的蒸气压越低越好），好的油泵能抽到 $10\sim100$ Pa 以上的真空度。油泵的结构越精密，对工作条件要求越高。在用油泵进行减压蒸馏时，溶剂、水和酸性气体会对油造成污染，使油的蒸气压增加，降低真空度，同时，这些气体还会引起泵体的腐蚀。

为了保护泵和油，使用时应注意做到以下几点：

① 在整流系统和油泵之间安装合格的冷阱、安全防护、污染防护和测压装置，以保护泵体。

② 定期换油。

③ 干燥塔中的氢氧化钠、无水氯化钙如已结成块状，应及时更换。

④ 使用完毕后，封好防护塔、测压和减压系统，置于干燥无污染的地方。

6. 旋转蒸发器

旋转蒸发器是实验室广泛使用的一种蒸发仪器，可用于回流操作、大量溶剂的快速蒸发、微量组分的浓缩和需要搅拌的反应过程等。旋转蒸发器主要由电动机、蒸馏瓶、加热锅和冷凝管组成，如图 1-11 所示。该装置可在常压或减压下使用，可以密封减压至 $400\sim600$ mmHg（1 mmHg＝133.3224 Pa）；用水浴加热蒸馏瓶中的溶剂，加热温度可接近该溶剂的沸点；同时，还可进行旋转，速度为 $50\sim160$ r/min，由于蒸发器在不断旋转，可免加沸石

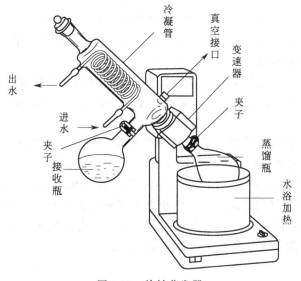

图 1-11　旋转蒸发器

而不会暴沸，使溶剂附于壁上形成一层液膜，加大了蒸发面积，使蒸发速度加快。旋转蒸发器可一次进料，也可分批进料，主要用于浓缩、结晶、干燥、分离等，特别适用于对高温容易分解变性的生物制品的浓缩提纯。

（1）使用方法

① 高低调节有两种方式：手动升降，转动机柱上的手轮，顺时针转为上升，逆时针转为下降；电动升降，手触上升键主机上升，手触下降键主机下降。

② 冷凝器上有两个外接头是接冷却水用的，一头接进水，另一头接出水，一般接自来水，冷凝水温度越低，效果越好。上端口装抽真空接头，用于抽真空时接真空泵皮管。

③ 开机前先将调速旋钮左旋到最小，按下电源开关，指示灯亮，然后慢慢往右旋至所需要的转速，一般大蒸馏瓶用中、低速，黏度大的溶液用较低转速。烧瓶为标准接口 24 号，有 500 mL、1000 mL 两种规格，溶液量一般以不超过 50％ 为宜。

④ 使用时，应先减压，再开动电动机转动蒸馏烧瓶。结束时，应先停电动机，再通大气，以防蒸馏烧瓶在转动中脱落。

（2）仪器保养

① 用前仔细检查仪器，确认玻璃瓶是否有破损，各接口是否吻合，注意轻拿轻放。

② 用软布（可用餐巾纸代替）擦拭各接口，然后涂抹少许真空脂。

③ 各接口不可拧得太紧，要定期松动活络，避免长期紧锁导致连接器咬死。

④ 先开电源开关，然后使机器由慢到快运转，停机时要使机器处于停止状态，再关开关。

⑤ 各处的聚四氟乙烯开关不能过力拧紧，容易损坏玻璃。

⑥ 每次使用完毕必须用软布擦净留在机器表面的蚀迹、污渍、溶剂残留，保持清洁。

⑦ 停机后拧松各聚四氟乙烯开关，长期静止在工作状态会使聚四氟乙烯活塞变形。

⑧ 定期对密封圈进行清洁，方法是：取下密封圈，检查轴上是否积有污垢，用软布擦干净，然后涂少许真空脂，重新装上即可，保持轴与密封圈滑润。

⑨ 电器部分切不可进水，严禁受潮。

（3）注意事项

① 玻璃零件安装时应轻拿轻放，装前应洗干净，擦干或烘干。

② 各磨口、密封面、密封圈及接头，安装前都需要涂一层真空脂。

③ 加热槽通电前必须加水，不允许无水干烧。

④ 如真空抽不上来，需检查：各接头、接口是否密封；密封圈、密封面是否有效；主轴与密封圈之间真空脂是否涂好；真空泵及其皮管是否漏气；玻璃零件是否有裂缝、碎裂、损坏的现象。

⑤ 关于真空度的问题。真空度是旋转蒸发器最重要的工艺参数，而用户经常会遇到真空度不够的问题。这常常和使用的溶剂性质有关。生化制药等行业常常用水、乙醇、乙酸、石油醚、氯仿等作为溶剂，而一般真空泵不能耐强有机溶剂，可选用耐强腐蚀特种真空泵。

⑥ 检验仪器是否漏气的方法：——弯折并夹紧外接真空皮管，切断气流，观察仪器上真空表能否保持 5 min 不漏气。如有漏气，则应检查各密封接头和旋转轴上密封圈是否有效；反之，若仪器正常，就要检查真空泵和真空管道。

7. 钢瓶

钢瓶用于储存高压氧气、煤气、液化石油气等。气体钢瓶一般盛装永久气体、液化气体或混合气体。钢瓶的一般工作压力都在 150 kg/cm^2（1 kg/cm^2 = 98066.5 Pa）左右。按国家标准规定，将钢瓶涂成各种颜色以示区别，例如：氧气钢瓶为天蓝色、黑字；氮气钢瓶为黑色、黄字；压缩空气钢瓶为黑色、白字；氯气钢瓶为草绿色、白字；氢气钢瓶为深绿色、红字；氨气钢瓶为黄色、黑字；液化石油气钢瓶为灰色、红字；乙炔钢瓶为白色、红字。

（1）气瓶使用方法

① 使用前要检查连接部位是否漏气，可涂上肥皂液进行检查，确认不漏气后才可进行实验。

② 在确认减压器处于关闭状态（T 调节螺杆松开状态）后，逆时针打开钢瓶总阀，并观察高压表读数，然后逆时针打开减压器左边的一个小开关，再顺时针慢慢转动减压器调节螺杆（T 字旋杆），使其压缩主弹簧将活门打开，使减压表上的压力处于所需压力，记录减压表上的压力数值。

③ 使用结束后，先顺时针关闭钢瓶总开关，再逆时针旋松减压器。

（2）气瓶使用注意事项

① 气瓶应专瓶专用，不能随意改装其他种类的气体。

② 气瓶禁止敲击、碰撞。气瓶应存放在阴凉、干燥、远离热源的地方，应防止暴晒、雨淋、水浸；环境温度超过 40 ℃时，应采取遮阳等措施降温。

③ 气瓶搬运要轻要稳，应确认护盖锁紧后再进行；实验室内移动气瓶应尽量使用手推车，务求安稳直立；以手移动气瓶，应直立移动，不可卧倒滚运。气瓶应立放使用，严禁卧放，并应采取防止倾倒的措施。

④ 使用气瓶前使用者应对气瓶进行安全状况检查，检查重点：瓶体是否完好；减压器、流量表、软管、防回火装置是否有泄漏、磨损及接头松懈等现象。气瓶外表颜色应保持明显容易辨认，确认其用途无误时方可使用。

⑤ 气瓶应在通风良好的场所使用，保证空气中氢气最高含量不超过 1%（体积比）。室内换气次数每小时不得少于 3 次，局部通风每小时换气次数不得少于 7 次。

⑥ 氧气瓶与盛有易燃、易爆物质及氧化性气体的容器和气瓶的间距不应小于 8 m，最好能保持隔离。气瓶与明火、普通电器设备、办公区域的间距不应小于 10 m，与空调装置、空气压缩机和通风设备等吸风口的间距不应小于 20 m，与其他可燃性气体储存地点的间距不应小于 20 m。

⑦ 气瓶及附件应保持清洁、干燥，防止沾染腐蚀性介质、灰尘等。氧气瓶阀不得沾有油脂，不得用沾有油脂的工具、手套或油污工作服去接触氧气瓶阀、减压器等，防止着火；接头、管道、阀门等应使用铜基合金或专用管。

⑧ 各种气压表一般不得混用，应定期检查管路是否漏气，压力表是否正常。阀门或减压器泄漏时，不得继续使用；阀门损坏时，严禁在瓶内有压力的情况下更换阀门。

⑨ 开启气瓶时，操作者应站在气压表的一侧，不准将头或身体对准气瓶总阀，动作要轻缓，以防阀门或气压表冲出伤人。

⑩ 瓶内气体严禁用尽，应保留 0.5 MPa 以上的余压，以防倒灌。

8. 减压器

减压器是将高压气体降为低压气体，并保持输出气体的压力和流量稳定不变的调节装置（图 1-12）。由于气瓶内压力较高，而使用时所需的压力却较小，所以需要用减压器来将储存在气瓶内的较高压力的气体降为低压气体，并应保证所需的工作压力自始至终保持稳定状态。减压器可分为氧气减压器、空气减压器、氢气减压器、氩气减压器、氮气减压器、乙炔减压器、氦气减压器、二氧化碳减压器和含有耐腐蚀性质的不锈钢减压器等。需要注意的是，氢气瓶和减压器之间的连接是反牙的。

图 1-12　减压器
(a) 氢气减压器；(b) 氧气减压器

使用减压器应按下述规则执行。

① 氧气瓶放气或开启减压器时动作必须缓慢。如果阀门开启速度过快，减压器工作部分的气体因受绝热压缩而温度大大提高，这样有可能使由有机材料制成的零件如橡胶填料、橡胶薄膜、纤维质衬垫着火烧坏，并可使减压器完全烧坏。另外，出于放气过快产生的静电火花以及减压器有油污等，也会引起着火燃烧，烧坏减压器零件。

② 减压器安装前及开启气瓶阀时的注意事项。安装减压器之前，要略打开气瓶阀门，吹除污物，以防灰尘和水分带入减压器。在开启气瓶阀时，气瓶出气口不得对准操作者或他人，以防高压气体突然冲出伤人。减压器出气口与气体橡胶管接头处必须用退过火的铁丝或卡箍拧紧，防止送气后脱开发生危险。

③ 减压器装卸及工作时的注意事项。装卸减压器时，必须注意防止管接头丝扣滑牙，以免旋装不牢而射出。在工作过程中，必须注意观察工作压力表的压力数值。停止工作时，应先松开减压器的调压螺钉，再关闭氧气瓶阀，并把减压器内的气体慢慢放尽，这样，可以保护弹簧和减压阀门免受损坏。工作结束后，应从气瓶上取下减压器，加以妥善保存。

④ 减压器必须定期校修，压力表必须定期检验。这样做是为了确保调压的可靠性和压力表读数的准确性。在使用中如发现减压器有漏气现象、压力表指针动作不灵敏等，应及时维修。

⑤ 减压器冻结的处理。减压器使用过程中如发现冻结，应用热水或蒸汽解冻，绝不能用火焰或红铁烘烤。减压器加热后，必须吹掉其残留的水分。

⑥ 减压器必须保持清洁。减压器上不得沾染油脂、污物，如有油脂，必须擦拭干净后再使用。

⑦ 各种气体的减压器及压力表不得调换使用，如用于氧气的减压器不能用于乙炔、石油气等系统中。

9. 紫外分析仪

紫外分析仪适用于核酸电泳、荧光的分析检测、聚合酶链式反应（PCR）产物检测和DNA指纹图谱分析等，是开展限制性内切酶片段长度多态性（RFLP）研究、随机扩增多态性 DNA 标记（RAPD）产物分析的理想仪器。紫外分析仪分为很多系列，包括三用紫外分析仪（图 1-13）、暗箱式紫外分析仪、可照相紫外分析仪等系列。紫外分析仪一般由紫外线灯管和滤光片组成，设置三个开关键，分别控制点样灯、254 nm 和 365 nm 紫外灯，且相互独立，当需要某一灯工作时，按下相应开关键即可。在科学实验工作中，它是检测许多主要物质如蛋白质、核苷酸等的必要仪器；在药物生产和研究中，可用来检测激素、生物碱、维生素等各种能产生荧光药品的质量。三用紫外分析仪特别适用于薄层分析、纸层分析和斑点检测。

图 1-13　三用紫外分析仪

10. 高压反应釜

高压反应釜是一种间歇操作的适合在高温高压下进行化学反应的容器。在有机合成中常用于固体催化剂存在下进行的氢化反应及高分子合成中的聚合反应等。高压反应釜由反应容器、搅拌器及传动系统、冷却装置、安全装置和加热炉等组成（图 1-14）。高压反应釜的容积规格一般为 0.25～5 L，设计压力一般为 0～35 MPa，使用温度一般为 450 ℃，搅拌转速一般为无级调速 0～1000 r/min。

图 1-14　高压反应釜

使用实验室反应釜必须关闭冷媒进管阀门，放尽锅内和夹套内的剩余冷媒，再输入物料，开动搅拌器，然后开启蒸汽阀门和电热电源。到达所需温度后，应先关闭蒸汽阀门和电热电源，过 2～3 min 后，再关搅拌器。实验结束后，放尽锅内和夹套中剩余冷凝水后，应尽快用温水冲洗，刷掉黏着的物料，然后用 40～50 ℃碱水全面清洗容器内壁，并用清水冲洗。在锅内无物料（吸热介质）的情况下，不得开启蒸汽阀门和电热电源。特别注意使用蒸汽压力时，不得超过额定工作压力。

保养实验室反应釜要经常注意整台设备和减速器的工作情况。减速器润滑油不足，应立即补充，电加热介质油每半年要进行更换，夹套和锅盖等部位的安全阀、压力表、温度表、蒸馏孔、电热棒、电器仪表等，应定期检查，如果有故障，要及时调换或修理。设备不用时，一定要用温水全面清洗容器内外壁，经常擦洗锅体，保持外表清洁和内胆光亮，以达到耐用的目的。

六、有机化学反应实施方法

1. 加热

有些有机化学反应在常温下很难进行，或反应很慢，常需要通过加热来使反应加速。一般反应温度每提高 10 ℃，反应速率就相应增加一倍。能加热的实验仪器主要包括试管、烧杯、烧瓶、蒸发皿、坩埚等。实验中常用的加热方法有直接加热法和间接加热法。

（1）直接加热法

直接加热法是在玻璃仪器下垫石棉网进行加热，灯焰要对着石棉块，不要偏向铁丝网，否则会造成局部受热，使仪器受热不均匀，甚至发生仪器破损。这种加热方法只适用于高沸点且不易燃烧的物质。直接用火焰加热玻璃器皿很少被采用，因为剧烈的温度变化和不均匀的加热会造成玻璃仪器破损，引起燃烧甚至爆炸事故的发生。另外由于局部过热，还可能会引起部分有机化合物的分解。

实验室常用的明火直接加热法主要包括酒精灯、煤气灯和电炉（电炉丝）等。化学实验室原则上应避免使用明火加热，特别是在加热有机溶剂等易燃、易爆有机物质时。如确需使用明火进行实验，须向学校实验室主管部门申报，经审核批准备案后，方可使用。如在毛细管法测定熔点实验中，确需使用酒精灯来加热。下面对酒精灯做简单介绍。

酒精灯是以酒精为燃料的加热工具，可用于加热物体。酒精灯由灯体、灯芯管和灯帽组成（图 1-15）。酒精灯的加热温度为 400～500 ℃，适用于不需太高温度的实验，特别是在没有煤气设备时经常使用。正常使用的酒精灯火焰应分为焰心、内焰和外焰三部分。研究表明，酒精灯火焰温度的高低顺序为：外焰＞内焰＞焰心。理论上一般认为酒精灯的外焰温度最高，由于外焰与外界大气充分接触，燃烧时与环境的能量交换最容易，热量释放最多，致使外焰温度高于内焰。因此，实验过程中使用酒精灯加热时，应用外焰加热。酒精灯的安全使用注意事项如下：

① 酒精灯的灯芯要平整，如已烧焦或不平整，要用剪刀修理。

② 添加酒精时，不得超过酒精灯容积的 2/3，也应不少于酒精灯容积的 1/4。

③ 绝对禁止向燃着的酒精灯里添加酒精，以免失火。

④ 绝对禁止用酒精灯引燃另一只酒精灯，以防酒精溢出，发生火灾。

⑤ 用完酒精灯，必须用灯帽盖灭，不可用嘴去吹。

⑥ 不要碰倒酒精灯，万一洒出的酒精在桌上燃烧起来，应立即用湿布或沙子扑盖。

⑦ 请勿使酒精灯的外焰受到侧风，一旦外焰进入灯内，将会引起爆炸。

⑧ 不用时盖好灯帽，以免酒精挥发。

直接加热还可以使用电热装置，如电炉、电热套等。电炉是把炉内的电能转化为热量对物质加热的加热炉，具有加热快、加热温度高、温度容易控制等优点。在化学实验中，应避免使用明火电炉（电炉丝式），但可使用无明火电炉（封闭式，见图 1-16）。电热套的使用介绍见本章第五部分。

图 1-15　酒精灯的构造

图 1-16　封闭式电炉

（2）间接加热法

间接加热法是有机化学实验中最常用的加热方法，可以避免直接加热带来的问题。加热时，可根据液体的沸点、有机化合物的特征和反应要求选用适当的加热方法。下面介绍几种间接加热的方法。

① 空气浴：空气浴就是用热源对局部空气进行加热，空气再将热能传导给反应容器。电热套加热是简便的空气浴加热，是有机化学实验中最常用的加热方法。加热温度通过调压变压器控制，能从室温加热到 300 ℃左右，最高温度可达 400 ℃左右。安装电热套时，要使

反应瓶的外壁与电热套内壁保持 1 cm 左右的距离，以便利用热空气传热，并防止局部过热。

此设备不用明火加热，使用较安全。由于它的结构是半圆形的，在加热时，烧瓶处于热气流中，因此，加热效率较高。使用时应注意，不要将药品洒在电热套中，以免加热时药品挥发，污染环境，同时，避免电热丝被腐蚀而断开。

② 水浴：当所需加热温度在 80 ℃ 以下时，可将容器浸入水浴中，热浴液面应略高于容器中的液面，切勿使容器底触及水浴锅底。调节灯焰的大小，使水浴中水温控制在所需的温度范围之内。若需要加热到接近 100 ℃，可用沸水浴或水蒸气浴。

若长时间加热，水浴中的水会汽化蒸发，可采用电热恒温水浴锅（见第一章第五部分）。还可在水面上加几片石蜡，石蜡受热熔化在水面上，可减少水的蒸发，同时还应注意及时补加热水。

③ 油浴：加热温度在 80～250 ℃ 之间时可用油浴，也常用电热套加热。油浴所能达到的最高温度取决于油的种类。若在植物油中加入 1% 的对苯二酚，可增加油在受热时的稳定性。甘油和邻苯二甲酸二丁酯的混合液适合加热到 140～180 ℃，温度过高则分解。甘油吸水性强，放置过久的甘油，使用前应先蒸去吸收的水分，然后再用于油浴。液体石蜡可加热到 220 ℃ 以上，温度稍高，虽不易分解，但易燃烧。固体石蜡也可加热到 220 ℃ 以上，其优点是室温时为固体，便于保存。硅油和真空泵油在 250 ℃ 以上时较稳定，但由于价格贵，一般实验室较少使用。

用油浴加热时，要在油浴中装温度计（温度计的水银球不要放到油浴锅底），以便随时观察和调节温度。油浴所用的油不能溅入水，否则加热时会产生泡沫或暴溅。使用油浴时，可用一块中间有圆孔的石棉板盖住油浴锅，防止油蒸气污染环境和引起火灾。

④ 沙浴：加热温度在 250～350 ℃ 之间可用沙浴。一般用铁盘装沙，将容器下部埋在沙中，并保持底部有薄的沙层，四周的沙稍厚些。因为沙子的导热效果较差，温度分布不均匀，温度计水银球要紧靠容器。

除了以上介绍的几种方法外，还有其他的加热方法（如电热法、微波法等），以满足实验的需要。无论用何种方法加热，都要求加热均匀而稳定，尽量减少热损失。

2. 冷却

有机合成反应中，有时会产生大量的热，使得反应温度迅速升高，如果控制不当，可能引起副反应或使反应物蒸发，甚至会发生冲料和爆炸事故。要将温度控制在一定范围内，就要进行适当的冷却。有时为了降低溶质在溶剂中的溶解度或加速晶体的析出，也要采用冷却的方法。根据冷却温度的不同，可选用不用的冷却剂。

（1）冰水冷却

可用冷水在容器的外壁流动，或把容器浸在冷水中，交换走热量。若反应要求在室温以下进行，也可用冰或冰-水混合物作为冷却剂。如果水不影响反应进行时，也可把碎冰直接投入反应器中，以便更有效地保持低温。

（2）冰盐冷却

若反应要在 0 ℃ 以下进行，可用按不同比例混合的碎冰和无机盐作为冷却剂。在制备冷却剂时，应先将盐研细，再将其与碎冰按一定比例混合，使盐均匀包在冰块上。在使用过程中，应随时加以搅拌。

（3）干冰或干冰与有机溶剂混合冷却

干冰（固体的二氧化碳）和某些有机溶剂（如乙醇、异丙醇、丙酮、乙醚或氯仿等）混合，可冷却到 $-78 \sim -50 \, ℃$。使用低温制冷剂时，应戴防护手套、防护面罩或护目镜，防止冷却剂接触皮肤和飞溅入眼睛，以防冻伤。应将冷却剂放在杜瓦瓶（或广口保温瓶）中或其他绝热效果好的容器中，以保持其冷却效果。

（4）低温浴槽冷却

低温浴槽是一个小冰箱，冰室口向上，蒸发面用筒状不锈钢槽代替，内装酒精，外设压缩机循环制冷。压缩机产生的热量可用水冷或风冷散去，可装外循环泵，使冷酒精与冷凝器连接循环，还可装温度计等指示器。反应瓶浸在酒精液体中。适合 $-30 \sim 30℃$ 范围的反应使用。

以上制冷方法可根据实验需要选用。注意温度低于 $-38℃$ 时，由于水银会凝固，因此不能用水银温度计。对于较低的温度，应采用添加少许颜料的有机溶剂（酒精、甲苯、正戊烷）专用低温温度计。

3. 干燥

干燥是除去固体、液体或气体中少量水分或少量有机溶剂的常用方法。如在进行有机物波谱分析、定性或定量分析以及物理常数测定前，往往要求预先干燥，否则测定结果不准确。液体有机物在蒸馏前也要干燥，否则沸点前馏分较多，产物损失，甚至沸点也不准。此外，有些有机化学反应需要在无水条件下进行。因此，实验所用的仪器、原料和溶剂等均要进行干燥。为了防止在空气中吸潮，在与空气相通的地方，还必须安装各种干燥管。在有机化学实验中，对干燥操作必须严格要求，认真对待。

干燥方法从原理上可分为物理方法和化学方法两类。

物理方法主要有烘干、晾干、吸附、分馏、共沸蒸馏和冷冻等。近年来，还常用离子交换树脂和分子筛等方法来进行干燥。离子交换树脂是一种不溶于水、酸、碱和有机溶剂的高分子聚合物。分子筛是含水硅铝酸盐的晶体。它们都能可逆地吸附水分，加热解吸除水活化后可重复使用。

化学方法通常采用干燥剂来除水。根据除水作用原理又可分为两类：

第一类：与水可逆地结合，生成水合物，如无水氯化钙、无水硫酸镁等。无水氯化钙的除水原理如下：

$$CaCl_2 + nH_2O \Longleftrightarrow CaCl_2 \cdot nH_2O$$

第二类：与水发生不可逆的化学反应，生成新的化合物，如金属钠、五氧化二磷等。金属钠除水原理如下：

$$2Na + 2H_2O \longrightarrow 2NaOH + H_2 \uparrow$$

在实验中，应用最广的是第一类干燥剂。使用干燥剂时要注意以下几点：

① 干燥剂与水的反应为可逆反应时，反应达到平衡需要一定时间。因此，加入干燥剂后，一般最少要两个小时或更长一点的时间才能达到较好的干燥效果。因反应可逆，不能将水完全除尽，故干燥剂的加入量要适当，一般为溶液体积的 5% 左右。当温度升高时，这种可逆反应的平衡向脱水方向移动，所以在蒸馏前必须将干燥剂滤除，否则被除去的水将返回到液体中。另外，若把盐倒（或留）在蒸馏瓶底，受热时会发生迸溅。

② 干燥剂与水的反应为不可逆反应时，蒸馏前不必滤除。

③ 干燥剂只适用于干燥少量水分。若水的含量大，干燥效果不好。为此，萃取时应尽

量将水层分净，这样干燥效果好，且产物损失少。

下面分别介绍固体有机化合物、液体有机化合物和气体的干燥方法。

（1）固体有机化合物的干燥

固体有机化合物的干燥主要是为了除去残留在固体中的少量低沸点溶剂，如水、乙醚、乙醇、丙酮、苯等。由于固体有机物的挥发性比溶剂小，所以可采取蒸发和吸附的方法来达到干燥的目的，常用干燥法如下：

① 晾干：适用于干燥在空气中稳定、不分解、不吸潮的固体有机化合物。干燥时，将待干燥的物质放在干燥洁净的表面皿或其他敞口容器中，薄薄摊开，任其在空气中通风晾干。这是最简便、最经济的方法。

② 烘干：适用于熔点较高且遇热不分解的固体有机化合物。将待干燥的固体放在表面皿或蒸发皿中，用红外灯、恒温干燥箱或恒温真空干燥箱烘干。注意干燥温度必须低于有机化合物的熔点。

③ 干燥器干燥：凡易吸潮分解或升华的固体有机化合物，最好放在干燥器内干燥。干燥器分为普通干燥器和真空干燥器两种。干燥器中常用的干燥剂见表1-4。

表1-4　干燥器中常用的干燥剂

干燥剂	吸附的溶剂或其他杂质	干燥剂	吸附的溶剂或其他杂质
CaO	水、醋酸、氯化氢	P_2O_5	水、醇
$CaCl_2$	水、醇	石蜡片	醇、醚、苯、甲苯、氯仿、四氯化碳
NaOH	水、醋酸、氯化氢、酚、醇	硅胶	水
浓 H_2SO_4	水、醋酸、醇		

（2）液体有机化合物的干燥

① 利用分馏或生成共沸化合物去水

对于不与水生成共沸化合物的液体有机化合物，若其沸点与水相差较大，可用精密分馏柱分开。还可利用某些化合物与水可形成共沸化合物的特性，向待干燥的有机物中加入另一种有机物，利用该有机物与水形成的共沸化合物沸点低于待干燥有机物沸点的性质，在蒸馏时将水逐渐带出，从而达到干燥的目的。

② 使用干燥剂去水

干燥剂的选择：选择干燥剂时，除了考虑其干燥效能外，还应注意以下几点，否则，将失去干燥的意义。

a. 干燥剂不能与被干燥的液体有机化合物发生任何化学反应，包括溶解、络合、缔合和催化等作用。例如，酸性化合物不能用碱性干燥剂干燥等。

b. 干燥剂不能溶于该有机化合物中。

c. 选择的干燥剂应干燥速度快、吸水量大、价格低廉。

干燥剂的吸水容量和干燥效能：干燥剂的吸水容量是指单位质量干燥剂所吸收水的量。干燥效能是指达到平衡时液体被干燥的程度。对于形成水合物的无机盐干燥剂，常用吸水后结晶水的蒸气压来表示干燥剂效能。如硫酸钠形成 10 个结晶水的水合物，其吸水容量为 1.25，在 25 ℃时水蒸气压为 260 Pa；氯化钙最多能形成 6 个水的水合物，其吸水容量为 0.97，在 25 ℃时水蒸气压为 39 Pa。可以看出，硫酸钠的吸水容量较大，但干燥效能弱；而氯化钙吸水容量较小，但干燥效能强。在干燥含水量较大而又不易干燥的化合物时，常先用吸水量较大的干燥剂除去大部分水分，再用干燥效能强的干燥剂进行干燥。

干燥剂的用量：根据干燥剂的吸水量、液体有机化合物的分子结构以及水在其中的溶解度，可估算出干燥剂的最低用量。但是，干燥剂的实际用量是大大超过计算量的。一般对于含亲水基团的化合物（如醇、醚、胺等），干燥剂的用量要过量多些，而不含亲水基团的化合物要过量少些。由于各种因素的影响，很难规定具体的用量。大体上说，一般每 10 mL 样品约需 0.5～1.0 g 干燥剂。实际操作中，主要通过现场观察判断。

a. 观察被干燥液体。不溶于水的有机溶液在含水时常处于浑浊状态，加入适当的干燥剂进行干燥，干燥剂吸水之后，浑浊液会呈清澈、透明状。这时表明干燥合格。否则，应补加适量干燥剂继续干燥。

b. 观察干燥剂。有些有机溶剂溶于水，因此含水的溶液也呈清澈、透明状（如乙醚），这种情况下要判断干燥剂用量是否合适，则应看干燥剂的状态。加入干燥剂后，因其吸水变黏而粘在器壁上，摇动不易旋转，表明干燥剂用量不够，应适量补加，直到新的干燥剂不结块、不粘壁、干燥剂棱角分明、摇动时旋转并悬浮（尤其是 $MgSO_4$ 等小晶粒干燥剂），表示所加干燥剂用量合适。

由于干燥剂还能吸收一部分有机液体，影响产品收率，故干燥剂用量要适中。应先加入少量干燥剂，静置一段时间后观察，用量不足时再补加。

干燥时的温度：对于生成水合物的干燥剂，加热虽可加快干燥速度，但远远不如水合物放出水的速度快，因此，干燥通常在室温下进行。

操作步骤与要点：首先应尽可能除净被干燥液体中的水分，不应有任何可见的水层或悬浮水珠。把待干燥的液体放入锥形瓶中，取颗粒大小合适（如无水氯化钙，应为黄豆粒大小，且并不夹带粉末）的干燥剂放入液体中，用塞子盖住瓶口，轻轻振摇、观察，判断干燥剂是否足量，静置（半小时，最好过夜）。把干燥好的液体滤入蒸馏瓶中，然后进行蒸馏。

各类有机化合物常用的干燥剂见表 1-5。

表 1-5　有机化合物常用的干燥剂

化合物类型	干燥剂	化合物类型	干燥剂
烃	$CaCl_2$、Na、P_2O_5	酮	K_2CO_3、$CaCl_2$、$MgSO_4$、Na_2SO_4
卤代烃	$CaCl_2$、$MgSO_4$、Na_2SO_4、P_2O_5	酸、酚	$MgSO_4$、Na_2SO_4
醇	K_2CO_3、$MgSO_4$、CaO、Na_2SO_4	酯	$MgSO_4$、Na_2SO_4、K_2CO_3
醚	$CaCl_2$、Na、P_2O_5	胺	KOH、$NaOH$、K_2CO_3、CaO
醛	$MgSO_4$、Na_2SO_4	硝基化合物	$CaCl_2$、$MgSO_4$、Na_2SO_4

（3）气体的干燥

在有机化学实验中，常用的气体有 N_2、O_2、H_2、Cl_2、NH_3、CO_2 等，有时要求气体中含很少量或基本不含 CO_2、H_2O 等，因此就需要对上述气体进行干燥。气体的干燥主要采用吸附法。

① 用吸附剂吸水：吸附剂是指对水有较大亲和力，但不与水形成化合物，且加热后可重新使用的物质，如氧化铝、硅胶等。前者吸水量可达其质量的 15%～25%，后者可达其质量的 20%～30%。

② 用干燥剂吸水：装干燥剂的仪器一般有干燥管、干燥塔、U 形管及各种形式的洗气瓶。前三者装固体干燥剂，后者装液体干燥剂。根据待干燥气体的性质、潮湿程度、反应条件及干燥剂的用量可选择不同仪器。一般气体干燥时常用的干燥剂见表 1-6。

为使干燥效果更好，应注意以下几点：

① 用无水氯化钙、生石灰干燥气体时，均用颗粒状而不用粉末状，以防吸潮后结块造成堵塞。

② 用气体洗气瓶时，应注意进出管口不能接错。同时，要调好气体流速，不宜过快。

③ 干燥完毕，应立即关闭各通路，以防吸潮。

表 1-6　用于气体干燥的常用干燥剂

干燥剂	可干燥的气体
CaO、碱石灰、NaOH、KOH	NH_3 及胺类
无水 $CaCl_2$	H_2、HCl、CO_2、CO、SO_2、N_2、O_2、低级烷烃、醚、烯烃、卤代烃
P_2O_5	H_2、O_2、CO_2、SO_2、N_2、烷烃、乙烯
浓 H_2SO_4	H_2、N_2、CO_2、Cl_2、HCl、烷烃
$CaBr_2$、$ZnBr_2$	HBr

七、有机化学实验报告书写

有机化学实验是一门理论联系实际的综合性较强的课程，对培养学生独立工作能力具有重要作用。实验预习、实验操作和实验报告是安全、高效地完成有机化学实验的三个重要环节。

1. 实验预习

实验预习是做好实验的第一步。要达到实验的预期效果，必须在实验前认真阅读实验教材及相关参考资料，做到明确实验目的，清楚实验原理，熟悉实验内容和实验方法，牢记实验条件和实验中有关的注意事项。在此基础上，简明扼要地写出预习笔记。预习笔记包括以下内容：

① 实验目的、要求。

② 反应原理。可用反应式写出主反应及主要副反应，并简述反应机理。

③ 查阅并列出主要试剂和产物的物理化学常数及性质，试剂的规格及用量。

④ 画出主要反应装置图，简述实验步骤及操作原理。

⑤ 做合成实验时，应写出粗产物纯化的流程图。

⑥ 实验中可能出现的问题，特别是安全问题，要列出防范措施和解决办法。

2. 实验操作

按时进入实验室，认真听取指导教师讲解实验，积极回答问题。疑难问题要及时提出，并在教师指导下做好实验准备工作。

实验仪器和装置装配完毕，经指导教师检查同意后，方可接通电源进行实验。实验操作及仪器的使用要严格按照操作规程进行。

实验过程中要集中精力，仔细观察实验现象，实事求是地记录实验数据，积极思考，发现异常现象应仔细查明原因，或请教指导教师帮助分析处理。必须对实验的全过程进行仔细观察和记录，如：①加入原料的量、顺序、颜色；②随温度的升高，反应液颜色的变化、有无沉淀或气体出现；③产品的量、颜色、熔点、沸点和折射率等数据。记录时，要与操作一一对应，表述要简明准确，书写清楚。

实验中应保持良好的秩序。不迟到、早退，不大声喧哗、打闹，不随便走动，不乱拿仪器、药品，爱护公共财物，保持实验室的卫生。

实验记录和实验结果必须经教师签字确认，经教师同意方可离开实验室。

3. 实验报告

实验报告是总结实验进行情况、分析实验中出现的问题、整理归纳实验结果必不可少的环节，是将直接的感性认识提高到理性思维阶段的必要一步。因此，必须及时、认真地撰写实验报告。

实验报告的撰写应独立完成，并按规定时间交指导教师批阅。实验报告的内容包括实验目的、实验原理（反应式）、主要试剂、实验装置图（有时可用方框图表示）、实验步骤（含实验现象）、实验数据处理、结果讨论和思考题等。数据处理应有原始数据记录表和计算结果表示表（有时两者可合二为一），计算产率必须列出反应方程式和算式，使写出的报告更加清晰明了、逻辑性强，便于批阅和留做以后参考。结果讨论应包括对实验现象的分析解释、查阅文献的情况、对实验结果进行定性分析或定量计算、对实验的改进意见和做实验的心得体会等。这是锻炼同学们分析问题的重要一环，务必认真对待。

【实验报告的格式】

实验名称

（1）实验目的

（2）实验原理（反应式）

（3）主要试剂及产物的物理常数（列表）

（4）主要试剂及用量

（5）仪器装置图

（6）实验步骤（预习部分）及现象记录（要与实验步骤一一对应）

（7）粗产物的纯化过程及原理

（8）产量、产率

（9）结果讨论

【实验报告范例】

环己酮的制备

（1）实验目的：了解由环己醇氧化制备环己酮的原理和方法，掌握由环己醇制备环己酮的实验操作。

（2）实验原理（反应式）

（3）主要试剂及产物的物理常数

名称	分子量	性状	折射率	相对密度 d_4^{20}	熔点/℃	沸点/℃	溶解度/（水）
环己醇	100.16	无色液体	1.4656(22.6 ℃)	0.9624	22～25	161.5	5.67 g/100 mL
环己酮	98.14	无色液体	1.4507(20 ℃)	0.9478	—	155.6	2.4 g/100 mL

（4）主要试剂及用量

名称	纯度	用量	名称	纯度	用量
浓硫酸	化学纯	3.5 mL	环己醇	化学纯	2.0mL
重铬酸钠	化学纯	3.50 g	草酸	化学纯	0.15 g
氯化钠	化学纯	2.00 g	无水碳酸钾	化学纯	约2.00 g

（5）仪器装置图（略）

（6）实验步骤及现象记录

步骤	现象	现象解释
①在 50 mL 圆底烧瓶中加入 10 mL 冷水,慢慢加入 3.5 mL 浓 H_2SO_4,摇动	成均一溶液,温度上升	水溶于硫酸并放热
②加入 2 mL 环己醇,混合均匀,溶液中插一支温度计,冷却	开始分层,摇动后成溶液,温度降至 25 ℃	非均相
③将 3.5 g $Na_2Cr_2O_7$·$2H_2O$ 溶于 2 mL 水中	成红棕色溶液	
④将约 1/5 的 $Na_2Cr_2O_7$·$2H_2O$ 溶液加入圆底烧瓶中,摇动,冷水冷却	溶液迅速变热为 58 ℃,冷却后为 53 ℃,溶液由红棕色变为草绿色	氧化剂中的 Cr 由 +6 价被还原为 +3 价
⑤将剩余的 $Na_2Cr_2O_7$·$2H_2O$ 溶液分两次加入圆底烧瓶中	现象与第一次加入相似,最后红棕色不全消失。温度降为 33 ℃	$Na_2Cr_2O_7$ 过量
⑥将 0.15 g 草酸加入圆底烧瓶中	溶液变成墨绿色	+6 价 Cr 被还原为 +3 价
⑦加 12 mL 水于圆底烧瓶中,加沸石,蒸馏	95 ℃时开始有馏分,呈浑浊状	环己酮与水形成共沸物
⑧将约 5 mL 馏出置于分液漏斗中,加 2 g 食盐使溶液饱和,振摇,分层,分液	上层为有机层,下层为水层	利用盐析原理,使溶于水中的产品析出
⑨有机层用无水 K_2CO_3 干燥	开始浑浊,后为澄清透明溶液	环己酮不溶于水
⑩过滤,蒸馏	150 ℃前馏分极少,接收 155～156 ℃ 馏分	
⑪观察产品外观	无色透明液体	
⑫称重	瓶重 20.7 g,共重 21.9 g,产物重 1.2 g	
⑬折射率测定	n_D^{20} 为 1.4507	

（7）粗产物的提纯过程

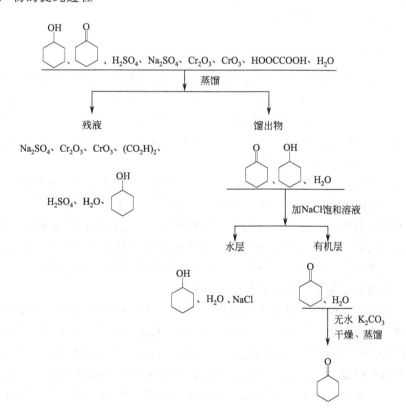

（8）产量：1.2 g。

产率：根据反应式

$$理论产量 = \frac{1.92}{100.16} \times 98.14 = 1.88 \text{ g}$$

$$产率 = \frac{实际产量}{理论产量} = \frac{1.2}{1.88} = 63.8\%$$

（9）结果讨论（略）

八、微型化学实验简介

1. 微型化学实验的概念

微型化学实验（microscale chemical experiment）是在微型化的仪器装置中进行的化学实验，其试剂用量比相应的常规实验节约 90% 以上。微型实验具有试剂用量少和仪器微型化两个基本特征。微型化学实验不是常规实验的简单缩微或减量，而是在微型化的条件下对实验进行重新设计和探索，达到以尽可能少的试剂来获取尽可能多的化学信息的目的。

微型化学实验与微量化学实验是不同的概念。微量化学指微量或痕量组分的定量测定、理论、技术和方法，即微量分析化学。而微型化学实验尽管会包含一些微量化学的技术，但实验的对象和内容却超越了微量化学的范围。用于化学教学的微型实验还要具备现象明显、操作简单、效果优良、成本低等特点。

2. 微型化学实验的发展

随着科学技术的发展、实验仪器精确程度的提高，化学实验的试剂和样品用量是逐渐减少的。十六世纪中叶，冶金工业中化学分析的样品用量为数公斤。十九世纪三四十年代，0.5 mg 精度分析天平的问世，使重量分析样品量达 1 g 以下；十万分之一的扭力天平，让 Nernst 尝试做 1 mg 样品的分析；百万分之一天平的出现，使 Frilz Pregl 成功地用 3～5 mg 有机样品做了碳、氢等元素的微量分析。

二十世纪，半微量有机合成、半微量的定性分析已广泛地出现在教材中。1925 年，埃及 E. C. Grey 出版的《化学实验的微型方法》是较早的一本微型化学实验大学教材。1955 年维也纳的国际微量化学大会上，马祖圣教授就建议以 mg 作为微量实验的试剂用量单位。自 1982 年起，美国的 Mayo 等出于环境保护和实验室安全的需要，研究微型有机化学实验，并在基础有机化学实验中采用主试剂以 mmol 量级的微型制备实验并取得成功。可见，化学实验小型化、微型化是化学实验方法的重大变革。

我国微型化学的实验研究是从无机化学、普通化学的微型实验和中学化学的研究开始的，自编的首本《微型化学实验》于 1992 年出版。此后，天津大学沈君朴主编的《无机化学实验》、清华大学袁书玉主编的《无机化学实验》、西北大学史启祯等主编的《无机与分析化学实验》等教材已编写一定数量的微型实验。1995 年华东师范大学陆根土编写的《无机化学教程（三）实验》将微型实验与常规实验并列编出，2000 年周宁怀主编了《微型无机化学实验》。迄今为止，国内已有 800 余所大中专院校开始在教学中应用微型实验，微型实验在国内已进入大面积推广阶段。

九、绿色化学简介

1. 绿色化学的概念

绿色化学（green chemistry），又称清洁化学（clean chemistry）、环境无害化学（environmentally benign chemistry）、环境友好化学（environmentally friendly chemistry）。绿色化学具有三层含义：第一，绿色化学是清洁化学，绿色化学致力于从源头防止污染，而不是污染后的再治理，绿色化学技术应不产生或基本不产生对环境有害的废弃物，绿色化学所产生的化学品不会对环境产生有害的影响；第二，绿色化学是经济化学，绿色化学在其合成过程中不产生或很少产生副产物，绿色化学技术应是低能耗和低原材料消耗的技术；第三，绿色化学是安全化学，在绿色化学合成过程中尽可能不使用有毒或危险的化学品，其反应条件尽可能是温和的或安全的，其发生意外事故的可能性是极低的。绿色化学是用化学的技术和方法去减少或避免那些对人类健康、社区安全、生态环境有害的原料、溶剂和试剂、催化剂、产物、副产物等的产生和使用。

2. 绿色化学的发展

不可否认人类进入 20 世纪以来创造了高度的物质文明，从 1990 年到 1995 年的 6 年间合成的化合物数量就相当于有记载以来的 1000 多年间人类发现和合成化合物的总量（1000万种），这是科技的发展，是社会的进步，但同时也带来了负面的效应，如资源的巨大浪费、日益严重的环境问题等。人们开始重新认识和寻找更有利于其自身生存和可持续发展的道路，注意人与自然的和谐发展，绿色意识成了人类追求自然完美的一种高级表现形式。

1995 年 3 月，美国成立"绿色化学挑战计划"，并设立"总统绿色化学挑战奖"。1997年我国国家科学技术委员会（今科学技术部）主办第 72 届香山科学会议，主题为"可持续发展对科学的挑战——绿色化学"。近些年来，各国化学家在绿色化学的研究领域里，运用物理学、生态学、生物学等最新理论、技术和手段，取得了可喜的成绩。

3. 绿色化学的思维方式

绿色化学的核心是"杜绝污染源"，防治污染的最佳途径就是从源头消除污染，一开始就不要产生有毒、有害物。事实上，实现化学实验绿色化的关键是建立绿色化学的思维方式。在化学实验教学中，教师和学生的头脑中应存有这种意识，要树立绿色化学的思维方式，从环境保护的角度、从经济和安全的角度来考虑各个实验的设置、实验手段、实验方法等。绿色化学实验应遵循以下原则：

① 设计合成方法时，只要可能，不论原料、中间产物还是最终产物，均应对人体健康和环境无毒害（包括极小毒性和无毒）。

② 合成方法必须考虑能耗、成本，应设法降低能耗，最好采用在常温常压下的合成方法。

③ 化工产品要设计成在其使用功能终结后，不会永存于环境中，要能分解成可降解的无害产物。

④ 选择化学生产过程的物质时，应使化学意外事故（包括渗透、爆炸、火灾等）的危

险性降低到最低程度。

⑤ 在技术可行和经济合理的前提下，原料要采用可再生资源以代替消耗性资源。

十、危险化学品常识

危险化学品是指具有燃烧、爆炸、毒害、腐蚀等性质，对人体、设施、环境具有危害的剧毒化学品和其他化学品。危险化学品在生产、贮存、装卸、运输等过程中易造成人员伤亡和财产损失。如氯气有毒、有刺激性，硝酸有强烈腐蚀性等，它们均属危险化学品。

1. 危险化学品的分类

目前常见且用途较广的危险化学品有数千种，其性质各不相同，每种危险化学品往往具有多种危险性，但在多种危险性中，必有一种对人类危害最大的危险性。因此在对危险化学品分类时，要掌握"择重归类"的原则，即根据该化学品的主要危害特性来进行分类。危险化学品按其危害特性，主要分为爆炸物质、压缩气体和液化气体、易燃液体、易燃固体、自燃物质和遇湿易燃物质、氧化剂和有机过氧化物、有毒物质和放射性物质等。根据常用化学试剂的危险性质，又可分为易燃、易爆和有毒药品三类。在使用贴有危险品警示标志的药品和设施时，应严格遵守操作规程，以免发生事故。

2. 常见的危险化学品

（1）易燃化学药品

① 可燃气体：甲烷、乙烷、一氯甲烷、一氯乙烷、乙烯、煤气、氢气、硫化氢、二氧化硫、氨、乙胺等。

② 易燃液体：一级易燃液体（乙醚、丙酮、汽油、环氧乙烷、环氧丙烷等），二级易燃液体（甲醇、乙醇、吡啶、二甲苯等），三级易燃液体（柴油、煤油、松节油等）。

③ 易燃固体：有机易燃固体包括硝化纤维、樟脑、胶卷等；无机易燃固体包括红磷、硫黄、镁、铝等。

④ 遇水燃烧的物质：金属钾、金属钠、电石和锌粉等。

（2）易爆化学药品

① 氢气、乙炔、二硫化碳、乙醚及汽油的蒸气与空气或氧气混合，可由火花引起爆炸。

② 乙醇加浓硝酸、高锰酸钾加甘油、高锰酸钾加硫黄、硝酸加镁和氢碘酸、硝酸铵加锌粉和水滴、硝酸盐加氯化亚锡、过氧化物加铝和水、钠或钾加水等可爆炸。

③ 氧化剂与有机物接触极易引起爆炸，故在使用硝酸、高氯酸、双氧水时必须注意。

（3）有毒化学药品

① 有毒气体：溴蒸气、氯、氟、溴化氢、氯化氢、氟化氢、二氧化硫、硫化氢、一氧化碳等，具有刺激性或窒息性。

② 强酸和强碱：均会刺激皮肤，有腐蚀作用，会造成化学灼伤。强酸、强碱可烧伤眼角膜，如果强碱烧伤 5 min，可使眼角膜完全毁坏。

③ 高毒性固体：无机氰化物、三氧化二砷等砷化物、氯化汞等可溶性汞化合物、铊盐、铅及其化合物和五氧化二钒等。

④ 有毒有机物：苯、甲醇、二硫化碳等有机溶剂；芳香硝基化合物、苯酚、硫酸二甲酯、苯胺及其衍生物等。

⑤ 已知的危险致癌物质：联苯胺及其衍生物、β-萘胺、α-萘胺、二甲氨基偶氮苯等芳胺及其衍生物；N-甲基-N-亚硝基苯胺、N-甲基-N-亚硝基脲、N-亚硝基氢化吡啶等 N-亚硝基化合物；双（氯甲基）醚、氟甲基甲醚、碘甲烷、β-羟基丙酸丙酯等烷基化试剂；苯并 [α] 芘、二苯并 [d，h] 蒽等稠环芳烃；硫代乙酰胺、硫脲等含硫化合物；石棉粉尘等。

⑥ 具有长期累积效应的毒物：苯、铅化合物（特别是有机铅化合物）、汞、二价汞盐和液态的有机汞化合物等。

3. 危险化学品的使用规则

（1）易燃、易爆和腐蚀性药品的使用规则

① 绝不允许把各种化学药品任意混合，以免发生意外事故。

② 使用氢气时要严禁烟火，点燃氢气前必须检验氢气的纯度。进行有大量氧气产生的实验时，应把废气通向室外，并需注意室内的通风。

③ 可燃性试剂不能用明火加热，必须用水浴、油浴、沙浴或可调电压的电热套加热。使用和处理可燃性试剂时，必须在没有火源的通风实验室中进行，试剂用毕要立即盖紧瓶塞。

④ 钾、钠和白磷等暴露在空气中易燃烧，所以钾、钠应保存在煤油（或石蜡油）中，白磷可保存在水中，取用它们时要用镊子。

⑤ 取用酸、碱等腐蚀性试剂时，应特别小心，不要洒出。废酸应倒入废酸缸中，但不要往废酸缸中倾倒废碱，以免因酸碱中和放出大量的热而发生危险。浓氨水具有强烈的刺激性气味，一旦吸入较多氨气，可能导致头晕或晕倒。若氨水进入眼内，严重时可能造成失明。所以，在热天取用氨水时，最好先用冷水浸泡氨水瓶，使其降温后再开瓶取用。

⑥ 对某些强氧化剂（如氯酸钾、硝酸钾、高锰酸钾等）或其混合物，不能研磨，否则可能引起爆炸；银氨溶液不能留存，因其久置后会生成氮化银而容易爆炸。

（2）有毒、有害药品的使用规则

① 有毒药品（如铅盐、砷的化合物、汞的化合物、氰化物和重铬酸钾等）不得进入口中或接触伤口，也不得随意倒入下水道。

② 金属汞易挥发，并能通过呼吸道进入体内，会逐渐累积而造成慢性中毒，所以取用时要特别小心。如不慎将汞洒落在桌上或地上，必须尽可能收集起来，并用硫黄粉盖在洒落汞的地方，使汞转变成不挥发的硫化汞，然后再除尽。

③ 制备和使用具有刺激性、恶臭和有害的气体（如硫化氢、氯气、光气、一氯化碳、二氧化硫等）及加热蒸发浓盐酸、浓硝酸、浓硫酸时，应在通风橱内进行。

④ 使用某些有机溶剂（如苯、甲醇、硫酸二甲酯）时应特别注意。因为这些有机溶剂均为脂溶性液体，不仅对皮肤及黏膜有刺激性作用，而且对神经系统也有损伤。生物碱大多具有强烈毒性，皮肤亦可吸收，少量即可导致中毒甚至死亡。因此，使用这些试剂时均需穿上工作服，戴上手套、口罩和护目镜。

⑤ 必须了解实验室内哪些化学药品具有致癌作用，在取用这些药品时应特别注意，以免侵入人体内。

4. 危险化学品的存放

① 贮存危险化学品必须遵照国家法律、法规和其他有关的规定。

② 贮存的化学危险品应有明显的标志，标志应符合国家相关规定。同一区域贮存两种或两种以上不同级别的危险品时，应按最高等级危险物品的性能进行标志。

③ 在贮存化学危险品的建筑物或区域内严禁吸烟和使用明火，并安装自动监测和火灾报警系统。贮存易燃、易爆化学危险品的建筑必须安装避雷设备。

④ 各类危险品不得与禁忌物料混合贮存，灭火方法不同的危险化学品不能同库贮存。如爆炸物品不准和其他类物品同贮，必须单独隔离限量贮存；易燃液体、遇湿易燃物品、易燃固体不得与氧化剂混合贮存；具有还原性的氧化剂应单独存放；有毒物品应贮存在阴凉、通风、干燥的场所，不要露天存放，不要接近酸类物质；腐蚀性物品的包装必须严密，不允许泄露，严禁与液化气体和其他物品共存。

⑤ 贮存危险化学品的仓库必须建立严格的出入库管理制度。危险化学品入库时，应严格检验物品质量、数量、包装情况、有无泄漏。危险化学品入库后应采取适当的养护措施，在贮存期内定期检查，发现其品质变化、包装破损、渗漏、稳定剂短缺等，应及时处理。库房温度、湿度应严格控制，经常检查，发现变化及时调整。

⑥ 仓库工作人员应接受危险品仓库工作的专门培训，熟悉各区域贮存的危险化学品种类、特性、贮存地点、事故的处理程序及方法，经考核合格后持证上岗。

第二章　有机化学实验基本操作

熔点测定及温度计校正

一、实验目的

1. 了解熔点测定的基本原理及应用。
2. 掌握熔点的测定方法和温度计的校正方法。

二、实验原理

　　熔点（melting point，m. p.）是指在一定压力下，纯物质的固态和液态平衡时的温度。通常所说的熔点是指外界压力为一个大气压时物质的熔点。纯净的固体有机化合物一般都有一个固定的熔点。图 2-1 表示一种纯化合物的相组分、总供热量和温度之间的关系。当以恒定速率供给热量时，在一段时间内温度上升，固体不熔。当固体开始熔化时，有少量液体出现，固-液两相之间达到平衡，继续供给热量使固相不断转变为液相，两相间维持平衡，温度不会上升，直至所有固体都转变为液体，温度才上升。反过来，当冷却一种纯化合物液体时，在一段时间内温度下降，液体未固化。当开始有固体出现时，温度不会下降，直至液体全部固化后，温度才会再下降。所以纯化合物的熔点和凝固点是一致的。

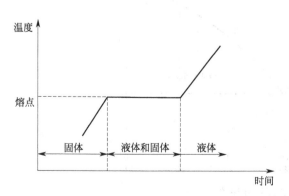

图 2-1　化合物的相随时间和温度的变化

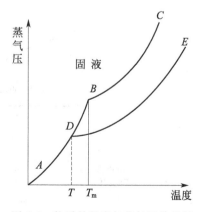

图 2-2　物质的温度与蒸气压关系图

因此，要得到正确的熔点，就需要足够量的样品、恒定的加热速率和足够的平衡时间，以建立真正的固液之间的平衡。但实际上有机化学工作者一般情况下不可能获得这样大量的样品，而微量法仅需极少量的样品，操作又方便，故被广泛采用。但是微量法不可能达到真正的两相平衡，所以不管是毛细管法，还是各种显微电热法的测定结果都是一个近似值。在微量法中，应观测初熔和全熔两个温度，这一温度范围称为熔程。物质温度与蒸气压的关系如图 2-2 所示，曲线 AB 代表固相的蒸气压随温度的变化，BC 是液相蒸气压随温度变化的曲线，两曲线相交于 B 点。在这特定的温度和压力下，固液两相并存，这时的温度 T_m 即为该物质的熔点。当温度高于 T_m 时，固相全部转变为液相；低于 T_m 时，液相全转变为固相。只有固液相并存时，固相和液相的蒸气压才是一致的。一旦温度超过 T_m（甚至只有几分之一摄氏度时），只要有足够的时间，固体就可以全部转变为液体，这就是纯有机化合物有敏锐熔点的原因。因此，在测定熔点过程中，当温度接近熔点时，加热速度一定要慢。一般每分钟升温不能超过 $1\sim2\ ℃$。只有这样，才能使熔化过程近似于相平衡条件，精确测得熔点。

纯物质熔点敏锐，微量法测得的熔程一般不超过 $0.5\sim1\ ℃$。当含有非挥发性杂质时，根据拉乌尔定律（Raoult 定律），液相的蒸气压将降低。一般来讲，此时的液相蒸气压随温度变化的曲线 DE 在纯化合物之下，固-液相在 D 点达到平衡，熔点降低，杂质越多，化合物熔点越低。一般有机化合物的混合物显示这种性质。

图 2-3 是二元混合物的相图。a 代表化合物 A 的熔点，b 代表化合物 B 的熔点。如果加热含 80% A 和 20% B 的固体混合物，当温度达到 e 时，A 和 B 将以恒定的比例（60% A 和 40% B 共熔组分）共同熔化，温度也保持不变。可是当化合物 B 全部熔化时，只有固体 A 与熔化的共熔组分保持平衡。随着 A 的继续熔化，溶液中 A 的比例升高，其蒸气压增大，固体 A 与溶液维持平衡的温度也将升高，平衡温度与熔融溶液组分之间的关系可用曲线 EC 来描述。当温度升至 C 时，A 就全部熔化，即 B 的存在使 A 的熔点降低，并有较宽的熔程（$e\sim c$）。反过来，A 作为杂质可使化合物 B 的熔程变长（$e\sim d$），熔点降低。应注意样品组成恰巧和最低共熔点组分相同时，会像纯化合物那样显示敏锐的熔点，但这种情况是极少见的。

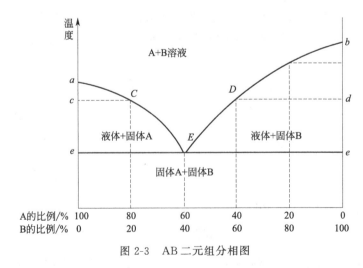

图 2-3 AB 二元组分相图

利用化合物中混有杂质时，不但熔点降低，而且熔程变长的性质可进行化合物的鉴定，这种方法称为混合熔点法。当测得一未知物的熔点同已知某物质的熔点相同或相近时，可将该已知物与未知物混合，测量混合物的熔点，至少要按1∶9、1∶1、9∶1这三种比例混合。若它们是相同化合物，则熔点不降低；若是不同的化合物，则熔点降低，且熔程变长。

三、仪器与试剂

1. 仪器：酒精灯、熔点毛细管、表面皿、b型管、温度计、显微熔点测定仪、载玻片等。
2. 试剂：液体石蜡、二苯胺、苯甲酸、水杨酸、对苯二酚、尿素、萘等。

四、实验步骤

1. 毛细管法测定熔点

毛细管法是最常用的熔点测定法，装置如图2-4所示，操作步骤如下所述。

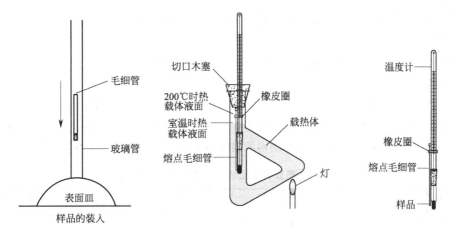

图 2-4　毛细管测定熔点的装置

① 取少许（约0.1 g）干燥的粉末状样品放在表面皿上研细后堆成小堆，将熔点管（专门用于测熔点的1 mm×100 mm毛细管）的开口端[1] 插入样品中，装取少量粉末。然后把熔点管竖立起来，在桌面上顿几下，使样品掉入管底。这样重复取样品几次，装入1～2 mm高样品。最后使熔点管从一根长约50～60 cm的玻璃管中掉到表面皿上，多重复几次，使样品粉末装填紧密，否则，装入样品如有空隙则传热不均匀，影响测定结果。

② 在提勒（Thiele）管（又称b型管）中装入载热体（可根据所测物质的熔点选择，一般用甘油、液体石蜡、硫酸、硅油等）。

③ 用乳胶圈把毛细管捆在温度计上，毛细管中的样品应位于水银球的中部，用有缺口的木塞或橡皮塞作支撑套入温度计放到提勒管中，并使水银球处在提勒管的两叉口中部。

④ 在图2-4所示位置加热。载热体被加热后在管内呈对流循环，使温度变化比较均匀。

在测定已知熔点的样品时，可先以较快速度加热，在距离熔点10 ℃时，应以每分钟1～2 ℃的速度加热，愈接近熔点，加热速度愈慢，直到测出熔程。在测定未知熔点的样品时，应先粗测熔点范围，再用上述方法细测。测定时，应观察和记录样品开始塌落并有液相产生时（初熔）和固体完全消失时（全熔）的温度读数，所得数据即为该物质的熔程。还要观察和记录在加热过程中是否有萎缩、变色、发泡、升华及炭化等现象，以供分析参考。

熔点测定至少要有两次重复数据，每次要用新毛细管重新装入样品[2]。

2. 显微熔点测定仪测定熔点

这类仪器型号较多，但共同特点是使用样品量少（2～3颗小结晶），能测量室温至300 ℃样品的熔点，可观察晶体在加热过程中的变化情况，如结晶的失水、多晶的变化及分解。其具体操作如下所述。

在洁净且干燥的载玻片上放上微量晶粒，并盖一片载玻片，放在加热台上。调节反光镜、物镜和目镜，使显微镜焦点对准样品，开启加热器，先快速后慢速加热，温度快升至熔点时，控制温度上升的速度为每分钟1～2 ℃。当样品开始有液滴出现时，表示熔化已开始，记录初熔温度。样品逐渐熔化直至完全变成液体，记录全熔温度。

在使用这类仪器前，必须认真听取教师讲解或仔细阅读使用指南，严格按操作规程进行操作。

3. 温度计校正

为了进行准确测量，一般从市场采购来的温度计，在使用前需对其进行校正。校正温度计的方法有如下几种：

① 比较法：选一只标准温度计与要进行校正的温度计在同一条件下测定温度，比较所指示的温度值。

② 定点法：选择数种已知准确熔点的标准样品（表2-1），测定它们的熔点，以观察到的熔点（t_2）为纵坐标，以此熔点（t_2）与准确熔点（t_1）之差（Δt）为横坐标，如图2-5所示，从图中求得校正后的正确温度误差值，例如测得的温度为100 ℃，则校正后应为101.3 ℃。

表 2-1　部分有机化合物的熔点（1atm[3]）

样品名称	熔点/℃	样品名称	熔点/℃
水-冰	0	尿素	135
对二氯苯	53.1	水杨酸	159
对二硝基苯	174	D-甘露醇	168
邻苯二酚	105	对苯二酚	173～174
苯甲酸	122.4	马尿酸	188～189
二苯胺	53	对羟基苯甲酸	214.5～215.5
萘	80.55	蒽	216.2～216.4
乙酰苯胺	114.3	酚酞	262～263

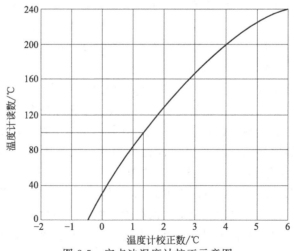

图 2-5　定点法温度计校正示意图

4. 实验内容

（1）测定下列化合物的熔点。

① 二苯胺（AR）　　　　② 萘（AR）

③ 苯甲酸（AR）　　　　④ 水杨酸（AR）

⑤ 对苯二酚（AR）　　　⑥ 尿素（AR）

（2）记录测得的数据，绘出温度计校正曲线。

（3）测定指导教师提供的未知物熔点，并测定未知物与尿素的混合物（约1∶1）的熔点，确定该化合物是尿素（135 ℃）还是肉桂酸（135～136 ℃）。

五、附注

［1］测定易升华物质的熔点时，应将熔点管的开口端烧熔封闭，以免升华。

［2］不能将已测过熔点的熔点管冷却，使其中的样品固化后再进行第二次测定。这是因为有些物质在测定熔点时可能发生了部分分解或变成了具有不同熔点的其他结晶形式。

［3］1atm＝101.325 kPa。

六、思考题

1. 纯物质熔程短，熔程短的是否一定是纯物质？为什么？

2. 测熔点时，如遇下列情况，将产生什么后果？

（1）加热太快；（2）样品研磨得不细或装得不紧；（3）样品管贴在提勒管壁上。

实验二

有机化合物沸点测定

一、实验目的

1. 了解沸点测定的基本原理。

2. 掌握沸点的测定方法。

二、实验原理

沸点（boiling point，b. p.）是指一定的压力下，液体的饱和蒸气压与外界压力相等时的温度。由于分子运动，液体分子有从表面逸出的倾向。这种倾向常随温度的升高而增大，即液体在一定温度下具有一定的蒸气压，液体的蒸气压随温度的升高而增大，而与体系中存在的液体及蒸气的绝对量无关。

从图2-6中可以看出，将液体加热时，其蒸气压随温度升高而不断增大。当液体的蒸气压增大至与外界施加给液体的总压力（通常是大气压力）相等时，就有大量气泡不断从液体内部溢出，即液体沸腾。这时的温度称为液体的沸点，显然液体的沸点与外界压力有关。外界压力不同，同一液体的沸点会发生变化。通常所说的沸点是指外界压力为一个大气压时的液体沸腾温度。

在一定压力下，纯的液体有机物具有固定的沸点。但当液体不纯时，沸点有一个温度稳定范围，常称为沸程。

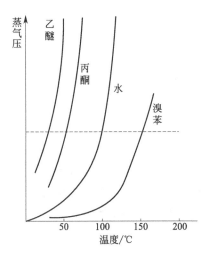

图 2-6　温度与蒸气压的关系

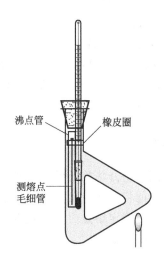

图 2-7　微量法测定沸点装置

测定沸点的方法一般分为常量法和微量法两种。常量法是指用蒸馏法来测定液体沸点的方法，一般需要的样品量不少于 10 mL，适用于对热易分解、易氧化的化合物。微量法是指利用沸点测定管来测定液体沸点的方法。当样品量较少时，需要采用微量法测定沸点。

三、仪器与试剂

1. 仪器：微量法测定沸点装置。

沸点测定管由内管（长 6～7 cm，内径 1 mm）和外管（长 7～8 cm，内径 4～5 mm）两部分组成。内管可用熔点管，外管是特制的沸点管，内、外管均为一端封闭的耐热玻璃管，如图 2-7 所示。

2. 试剂：乙醇、甘油。

四、实验步骤

1. 常量法

见本章实验六　简单蒸馏。

2. 微量法

以甘油为热载体，测定乙醇的沸点。

① 装样：向外管中加入 2～3 滴被测样品，把内管开口朝下插入液体中，并用橡皮圈将其固定在温度计上，把温度计及所附的管子一起放入提勒管中，用带有缺口的橡皮塞加以固定，橡皮圈应在热载体液面以上（见图 2-7）。

② 升温：以每分钟 4～5 ℃ 的速度加热升温，随着温度升高，管内的气体分子动能增大，表现出蒸气压的增大。随着不断加热，液体分子的汽化增快，可以看到内管中有小气泡冒出。

③ 读数：当温度达到比沸点稍高时就有一连串的气泡快速逸出，此时停止加热，使浴温自行下降。随着温度的下降，气泡逸出的速度逐渐减慢。在气泡不再冒出而液体刚刚要进入内管的瞬间（毛细管内蒸气压与外界压力相等时）记录该温度，此时的温度即为该液体的沸点。测定时加热要慢，外管中的液体量要足够多。重复操作几次，误差应小于 1 ℃。

五、思考题

1. 液体的沸点与蒸气压有什么关系？文献上报道的沸点是否是你们那里该物质的沸点？
2. 纯物质的沸点恒定吗？沸点恒定的液体是纯物质吗？为什么？
3. 微量法测沸点时，如遇到以下情况，将产生什么后果？
(1) 毛细管空气未排干净；(2) 毛细管未封好；(3) 加热太快。

实验三

折射率的测定

一、实验目的

1. 了解折射率的概念及表示方法。
2. 掌握阿贝（Abbe）折射仪的原理和使用方法。

二、实验原理

折射率同熔点、沸点等物理常数一样，是有机化合物的重要数据。测定所合成有机化合物的折射率并与文献值对照，可以判断有机物纯度。合成出来的化合物，通过结构及化学分析论证后，测得的折射率可作为一个物理常数记录。

光在两种不同介质中的传播速度是不同的。光线从一种介质进入另一种介质，当它的传播方向与两种介质的界面不垂直时，则在界面处的传播方向发生改变。这种现象称为折射。

根据折射定律，波长一定的单色光在确定的外界条件下（温度、压力等），从一种介质 A 进入另一种介质 B 时，入射角 α 和折射角 β 的正弦之比与两种介质的折射率 N 与 n 之比成反比：

$$\sin\alpha/\sin\beta = n/N \tag{2-1}$$

当介质 A 为真空时，$N=1$，n 为介质 B 的绝对折射率，则有

$$n = \sin\alpha/\sin\beta \tag{2-2}$$

如果介质 A 为空气，$N_{空气} = 1.00027$（空气的绝对折射率），则

$$\sin\alpha/\sin\beta = n/N_{空气} = n/1.00027 = n' \tag{2-3}$$

式中，n' 为介质 B 的相对折射率。n 与 n' 数值相差很小，常以 n 代替 n'。但进行精密测定时，应加以校正。

n 与物质结构、光线的波长、温度及压力等因素有关。通常大气压的变化影响不明显，只是在精密工作时才考虑。使用单色光要比使用白光时测得的 n 值更为精确，因此，常用

钠光（D，$\lambda = 28.9$ nm）作为光源。温度可用仪器维持恒定值，如可在超级恒温槽与折射仪间循环恒温水来维持恒定温度。一般温度升高（或降低）1 ℃时，液体有机化合物的折射率就减少（或增加）$3.5 \times 10^{-4} \sim 5.5 \times 10^{-4}$。为了简化计算，常采用 4×10^{-4} 为温度变化常数[1]。折射率表示为 n_D^{20}，即以钠光灯为光源，20 ℃时所测定的 n 值。

1. 阿贝折射仪结构原理

折射仪的基本原理即为折射定律：

$$n_1 \sin\alpha = n_2 \sin\beta \tag{2-4}$$

式中，n_1、n_2 为交界面两侧的两种介质的折射率。若光线从折射率较小的介质射入折射率大的介质（$n_1 < n_2$）时，入射角一定大于折射角（$\alpha > \beta$）。当入射角增大时，折射角也增大，设当入射角 $\alpha = 90°$ 时，折射角为 β_0，此折射角被称为临界角。因此，当在两种介质的界面上以不同角度射入光线时（入射角 α 为 0°～90°），光线经过折射率大的介质后，其折射角 $\beta \leqslant \beta_0$，其结果是大于临界角的不会有光，成为黑暗部分，小于临界角的有光，成为明亮部分，如图 2-8 所示。

根据式（2-4）可得：

$$n_1 = \frac{\sin\beta_0}{\sin\alpha} n_2 = n_2 \sin\beta_0 \tag{2-5}$$

因此，在固定一种介质后，临界角 β_0 的大小与被测物质的折射率呈简单的函数关系，可以方便地求出另一种物质的折射率。

2. 阿贝折射仪的结构

阿贝折射仪的结构见图 2-9，其主要组成部分是两块直角棱镜，上面一块是光滑的，下面一块的表面是磨砂的，可以开启。左面是一个镜筒和刻度盘，刻有 1.3000～1.7000 的格子。

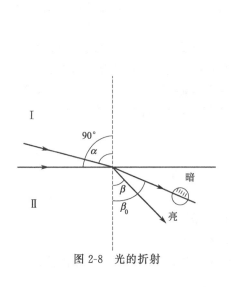

图 2-8 光的折射

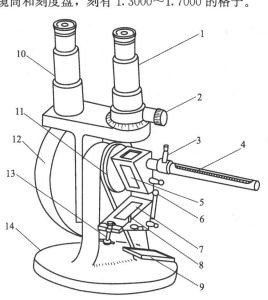

图 2-9 阿贝折射仪结构图

1—测量望远镜；2—消色散手柄；3—恒温水入口；4—温度计；
5—测量棱镜；6—铰链；7—辅助棱镜；8—加液槽；9—反射镜；
10—读数望远镜；11—转轴；12—刻度盘罩；13—闭合旋钮；14—底座

右面也有一个镜筒，是测量望远镜，用来观察折射情况，筒内装有消色散镜。光线由反射镜反射入下面的棱镜，发生漫反射，以不同入射角射入两个棱镜之间的液层，然后再投射到上面棱镜光滑的表面上，由于它的折射率很高，一部分光线可以再经折射进入空气达到测量镜，另一部分光线则发生全反射。调节螺旋可使测量镜中的视野达到要求。从读数镜中读出折射率。

3. 阿贝折射仪的使用方法

① 仪器安装：将阿贝折射仪安放在明亮处，但应避免阳光的直接照射，以免液体试样受热迅速蒸发。用橡皮管将超级恒温槽与阿贝折射仪串联起来，使超级恒温槽中的恒温水通入棱镜夹套内，检查插入棱镜夹套中的温度计的读数是否符合要求[一般选用(20.0±0.1)℃或(25.0±0.1)℃]。

② 加样：松开锁钮，开启辅助棱镜，使其磨砂的斜面处于水平位置，用滴管加入少量丙酮清洗镜面，并用擦镜纸将镜面擦干净。待镜面洗净干燥后，滴加数滴试样于辅助棱镜的磨砂镜面上，迅速闭合辅助棱镜，旋紧锁钮。若样品易挥发，则可在合上辅助棱镜后再由棱镜的加液槽滴入试样，然后闭合二棱镜，锁紧锁钮。

③ 对光：转动手轮，使刻度盘标尺上的示值为最小，调节反射镜，使入射光进入棱镜组。同时，从测量望远镜中观察，使视场最亮。调节目镜，使十字线清晰明亮。

④ 粗调：转动手轮，使刻度盘标尺上的示值逐渐增大，直至观察到视场中出现彩色光带或黑白分界线为止。

⑤ 消色散：转动消色散手轮，使视场内出现一条清晰的明暗分界线。

⑥ 精调：再仔细转动手轮，使分界线正好处于十字线交点上，三线相交。

⑦ 读数：从读数望远镜中读出刻度盘上的折射率数值。常用的阿贝折射仪可读至小数点后的第四位。为了使读数准确，一般应将试样重复测量三次，每次相差不得大于 0.0002，然后取平均值。

⑧ 测量完毕后，打开棱镜，并用擦镜纸擦净镜面。

4. 阿贝折射仪使用注意事项

阿贝折射仪是一种精密的光学仪器，使用时应注意以下几点：

① 阿贝折射仪最关键的地方是一对棱镜，使用时应注意保护棱镜，擦镜面时只能用擦镜纸，而不可用滤纸等。加试样时切勿将滴管口触及镜面。滴管口要烧光滑，以免不小心碰到镜面造成刻痕。对于酸碱等腐蚀性液体不得使用阿贝折射仪。

② 试样不宜加得太多，一般只需滴入 2~3 滴即可铺满一薄层。

③ 要保持仪器清洁，注意保护刻度盘。每次实验完毕，要用柔软的擦镜纸擦净，干燥后放入箱中，镜上不准有灰尘。

④ 读数时，有时在目镜中看到的不是半明半暗界线而是畸形的，这是由于棱镜间未充满液体；若出现弧形光环，则可能是有光线未经过棱镜而直接照射在聚光透镜上。

⑤ 若液体折射率不在 1.3~1.7 范围内，则阿贝折射仪不能测定，也看不到明暗界线。

⑥ 长期使用时，刻度盘的标尺零点可能会移动，须加以校正。校正的方法是，用一已知折射率的液体，一般使用纯水，按上述方法进行测定，其标准值与测定值之差即为校正值。亦可使用专用调节器直接调节目镜前面凹槽中的调节螺旋。先将刻度盘读数与标准液体

的折射率对准，再转动调节螺旋，直至临界线与十字线三线相交一点，仪器就校正完毕。

三、仪器与试剂

1. 仪器：阿贝折射仪。
2. 试剂：乙醚、乙酸乙酯、丙酮。

四、实验步骤

用阿贝折射仪测定水、乙醚、乙酸乙酯的折射率时，先按阿贝折射仪的使用方法，重复两次测得纯水的平均折射率，并与纯水标准值对照，可求得阿贝折射仪的校正值。然后以同样的方法测定乙醚和乙酸乙酯的折射率。

纯水标准值：$n_D^{20} 1.3330$。纯乙醚标准值：$n_D^{20} 1.3526$。纯乙酸乙酯标准值：$n_D^{20} 1.3723$。本实验约需 1.5 h。

五、附注

[1] 近似公式为式 (2-6)：
$$n_D^{20} = n_D^t + 0.00040 \times (t - 20\ ℃) \tag{2-6}$$
即把 t 时测得的折射率校正到 20 ℃时的折射率。

六、思考题

1. 有哪些因素影响物质的折射率？
2. 使用阿贝折射仪有哪些注意事项？

实验四

旋光度的测定

一、实验目的

1. 了解测定旋光度的意义。
2. 学习旋光仪的结构原理，掌握测定旋光度的方法。

二、实验原理

有些化合物，特别是许多天然有机化合物，因其分子具有手性，能使偏振光的振动方向发生旋转，被称为旋光性物质。偏振光通过旋光性物质后，振动方向旋转的角度称为旋光度，用 α 表示。偏振光顺时针旋转为右旋，用（＋）表示；逆时针旋转称左旋，用（－）表示。

旋光度的大小除与物质的特性有关外，还随待测液的浓度、样品管的长度、测定温度、所用光的波长以及溶剂的性质而改变。因此，旋光度的数值不能直接用来比较各种旋光性物质的旋光能力，必须规定一些条件，使它成为能反映物质旋光能力的特性常数，才可用于比较各种旋光性物质。通常用比旋光度 $[\alpha]$ 表示，比旋光度与旋光度的关系如式（2-7）：

$$[\alpha]_\lambda^t = \frac{\alpha}{cl} \tag{2-7}$$

式中，α 为旋光仪上直接读出的旋光度；c 为被测液的质量浓度，如被测物本身为液体，此处的 c 应改为密度 ρ；l 为样品管的长度；t 为测定时的温度；λ 为所用光源的波长。常用的单色光源为钠光灯的 D 线（$\alpha = 589$ nm），用"D"表示。

比旋光度是旋光性物质的特性常数之一，手册、文献上多有记载。因此，旋光度的测定具有以下意义：

① 测定已知物溶液的旋光度，再查其比旋光度，即可计算出已知物溶液的浓度。

② 将未知物配成已知浓度的溶液，测其旋光度，再计算出比旋光度，与文献值对照，可作为鉴定未知物的依据。

测定旋光度的仪器称为旋光仪。旋光仪的类型很多，但其主要部件和测定原理基本相同，如图 2-10 所示。

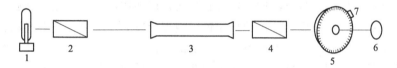

图 2-10　旋光仪的基本构造示意图
1—钠光源；2—起偏镜；3—样品管；4—检偏镜；5—刻度盘；6—目镜；7—固定游标

从光源出发的自然光通过起偏镜，变为在单一方向振动的偏振光，当此偏振光通过盛有旋光性物质的样品管时，振动方向旋转一定的角度，此时调节附有刻度盘的检偏镜，使最大量的光线通过，检偏镜所旋转的角度和方向显示在刻度盘上，此即样品的实测旋光度。

三、仪器与试剂

1. 仪器：旋光仪、旋光管。

2. 试剂：葡萄糖。

四、实验步骤

1. 预热

接通电源，打开仪器电源开关，预热 15min。

2. 零点的校正

在测定样品前，应按下述步骤校正旋光仪的零点：

① 将样品管洗干净，装入蒸馏水，使液面凸出管口，将玻璃盖沿管口轻轻平推盖好，尽量不要带入气泡，然后垫好橡皮圈，旋上螺帽，使之不漏水，但也不要过紧。盖好后如发现管内仍有气泡，可将样品管带凸颈的一端向上倾斜，将气泡赶到凸颈部位，以免影响测定。

② 将样品管擦干净（若两端有残液，将影响清晰度及测量精确度），放入旋光仪的样品室内（要保持光通路内无气泡），盖好盖子，待测。

③ 将刻度盘调至零点，观察零度视场三个亮度是否一致。若一致，说明仪器零点准确；若不一致，说明零点有偏差。此时应转动刻度盘手轮，使检偏镜旋转一定的角度，直至视场内三个部分亮度一致，如图 2-11 所示。记下刻度盘上的读数（刻度盘上顺时针旋转为"＋"、逆时针旋转为"－"）。重复此操作 5 次，取其平均值，作为零点值。在测定样品时，应从读数中减去此零点值（若偏差太大，应请教师调节仪器）。

不正确　　　　　　正确　　　　　　不正确

图 2-11　旋光仪三部分视场

3. 样品的测定

每次测定前应先用少量待测液冲洗样品管数次，以使浓度保持不变。然后按上述步骤装入待测液进行测定。转动刻度盘并带动检偏镜，当视场中亮度一致时记下读数。每个样品的测定应重复 5 次，取其平均值。该数值与零点值的差值即为该样品的旋光度。此时应注意记录所用样品管的长度、测定温度，并注明所用溶剂（如用水作为溶剂则可省略）。测定完毕，将样品管中的液体倒出，洗净、吹干，并在橡皮垫上加滑石粉保存。

用 2 dm 的样品管进行如下测定：

① 取未知浓度的葡萄糖溶液，测其旋光度，计算浓度。

② 取未知样品的水溶液（事先配制，50 g/L），测定其旋光度，计算比旋光度。根据附录四的数据鉴别该未知糖样。

五、思考题

1. 旋光度的测定有何意义？

2. 若测浓度为 50 g/L 的果糖溶液的旋光度，能否在配制后立即测定？为什么？

3. 测定旋光度时，光通路上为什么不能有气泡？

实验五

重结晶及过滤

一、实验目的

1. 学习重结晶提纯有机化合物的原理和方法。

2. 掌握重结晶实验基本操作。

二、实验原理

固体有机物在溶剂中的溶解度与温度有密切关系，一般是温度升高，溶解度增大。若把固体溶解在热的溶剂中达到饱和，冷却时由于溶解度降低，溶液变成过饱和而析出结晶。利用溶剂对被提纯物质及杂质的溶解度不同，可以使被提纯物质从过饱和溶液中析出，而让杂质全部或大部分仍留在溶液中（或被过滤除去）从而达到提纯目的。

假设一固体混合物由 9.5 g 被提纯物质 A 和 0.5 g 杂质 B 组成，选择一溶剂进行重结晶，室温时 A、B 在此溶剂中的溶解度分别为 S_A 和 S_B，通常存在着下列情况：

① 杂质较易溶解（$S_B > S_A$），设室温下 $S_B = 2.5$ g/100 mL，$S_A = 0.5$ g/100 mL。如果 A 在此沸腾溶剂中的溶解度为 9.5 g/100 mL，则使用 100 mL 溶剂即可使混合物在沸腾时全溶。将此滤液冷却至室温时可析出 9 g A 物质（不考虑操作上的损失），而 B 仍留在母液中，产物回收率可达 95%。如果 A 在沸腾溶剂中的溶解度更大，例如 47.5 g/100 mL，则只要使用 20 mL 溶剂即可使混合物在沸腾时全溶，这时滤液可以析出 A 9.4 g，A 损失很少，B 仍可留在母液中，产物回收率可高达 99%。由此可见，如果杂质在冷时的溶解度大而产物在冷时的溶解度小，或溶剂对产物的溶解性能随温度的变化大，这两方面都有利于提高回收率。

② 杂质较难溶解（$S_B < S_A$），设室温下 $S_B = 0.5$ g/100 mL，$S_A = 2.5$ g/100 mL，A 在沸腾溶液中的溶解度仍为 9.5 g/100 mL，则使用 100 mL 溶剂重结晶后的母液中含有 2.5 g A 和 0.5 g（即全部）B，析出的结晶 A 物质 7 g，产物回收率为 74%。但这时，即使 A 在沸腾溶剂中的溶解度更大，使用的溶剂也不能再少了，否则杂质 B 也会部分析出，就需再次重结晶。因而如果混合物中的杂质含量很多，则重结晶的溶剂量就要增加，或者重结晶的次数要增加，致使操作过程冗长，回收率极大地降低。

③ 两者的溶解度相等（$S_B = S_A$），设在室温下皆为 2.5 g/100 mL。若也用 100 mL 溶剂重结晶，仍可得到 7 g 纯 A。但如果这时杂质含量很多，用重结晶法分离产物就比较困难。在 A 和 B 含量相等时，重结晶法就不能用来分离产物了。

从上述讨论中可以看出，在任何情况下，杂质的含量过多都是不利的（杂质太多还可能影响结晶速度，甚至妨碍结晶的生成）。重结晶是提纯固体化合物的一种重要方法，它适用于产品与杂质性质差别较大，产品中杂质含量小于 5% 的体系。所以从反应粗产物直接重结晶是不适宜的，必须先采用其他方法进行初步提纯，例如萃取、水蒸气蒸馏、减压蒸馏等，然后再用重结晶提纯。

在进行重结晶时，选择理想的溶剂是一个关键，理想的溶剂必须具备下列条件：

① 不与被提纯物质起化学反应；

② 在较高温度时能溶解大量的被提纯物质，而在室温或更低的温度时只能溶解很少量；

③ 对杂质的溶解度非常大或非常小（前一种情况是使杂质留在母液中不随提纯物晶体一同析出，后一种情况是使杂质在热过滤时被滤去）；

④ 容易挥发（溶剂的沸点较低），易与结晶分离去除；

⑤ 能给出较好的结晶。

重结晶常用的单一溶剂的性质见表 2-2。

表 2-2　重结晶常用的单一溶剂的性质

溶剂名称	沸点/℃	密度/(g/cm³)	溶剂名称	沸点/℃	密度/(g/cm³)
水	100.0	1.00	乙酸乙酯	77.1	0.90
甲醇	64.7	0.79	二氧六环	101.3	1.03
乙醇	78.0	0.79	二氧甲烷	40.8	1.34
丙酮	56.1	0.79	二氧乙烷	83.8	1.24
乙醚	34.6	0.71	三氧甲烷	61.2	1.49
石油醚	30～90	0.68～0.72	四氯化碳	76.8	1.58
环己烷	80.8	0.78	硝基甲烷	101.2	1.14
苯	80.1	0.88	甲乙酮	79.6	0.81
甲苯	110.6	0.87	乙腈	81.6	0.78

1. 溶剂的选择

在几种溶剂都合适时，则应根据结晶的回收率、操作的难易、溶剂的毒性、易燃性和价格等来选择。

如果在文献中找不到合适的溶剂，应通过实验选择溶剂。其方法是：取 0.1 g 产物放入一支试管中，滴入 1 mL 溶剂，振荡下观察产物是否溶解，若不加热很快溶解，说明产物在此溶剂中的溶解度太大，不适合作此产物重结晶的溶剂；若加热至沸腾还不溶解，可补加溶剂，当溶剂用量超过 4 mL 时产物仍不溶解，说明此溶剂也不适宜。如所选择的溶剂能在 1～4 mL 溶剂沸腾的情况下使产物全部溶解，并在冷却后析出较多的晶体，说明此溶剂适合作为此产物重结晶的溶剂。实验中应同时选用几种溶剂进行比较。有时很难选择到一种较为理想的单一溶剂，这时应考虑选用混合溶剂。所谓混合溶剂，就是把对此物质溶解度很大（良溶剂）的和溶解度很小（不良溶剂）的而又能互溶的两种溶剂（例如水和乙醇）混合起来，这样常可获得新的良好的溶解性能。用混合溶剂重结晶时，可先将待纯化物质在接近良溶剂的沸点时溶于良溶剂中（在此溶剂中极易溶解）。若有不溶物，趁热滤去；若有色，则用活性炭煮沸脱色后趁热过滤。向此热溶液中小心地加入热的不良溶剂（物质在此溶剂中溶解度很小），直至所呈现的浑浊不再消失为止，再加入少量良溶剂或稍热使液体恰好透明。然后将混合物冷至室温，使结晶自溶液中析出。有时也可将两种溶剂先行混合，如 1:1 的乙醇和水，则其操作和使用单一溶剂时相同。重结晶常用的混合溶剂如表 2-3 所示。

表 2-3　重结晶常用的混合溶剂

混合溶剂	混合溶剂	混合溶剂
水-乙醇	甲醇-水	石油醚-苯
水-丙醇	甲醇-乙醚	石油醚-丙酮
水-乙酸	甲醇-二氯乙烷	氯仿-醚
乙醚-丙酮	氯仿-醇	苯-无水乙醇[1]
乙醇-乙醚-乙酸乙酯	—	—

2. 重结晶的操作步骤

（1）制备被提纯物的饱和溶液

制备被提纯物的饱和溶液是重结晶操作过程中的关键步骤。其目的是用溶剂充分分散产物和杂质，以利于分离提纯。一般用锥形瓶或圆底烧瓶来溶解固体。若溶剂易燃或有毒时，应装回流冷凝器。加入沸石和已称量好的粗产品，先加少量溶剂，然后加热使溶液沸腾或接近沸腾，边滴加溶剂边观察固体溶解情况，使固体刚好全部溶解，停止滴加溶剂，记录溶用量。再加入 20％左右的过量溶剂，主要是为了避免溶剂挥发和热过滤时因温度降低，晶体过早地在滤纸上析出造成产品损失。溶剂用量不宜太多，太多会造成结晶析出太少或根本不析出，此时，应将多余的溶剂蒸发掉，再冷却结晶。有时，总有少量固体不能溶解，应将热溶液倒出或过滤，在剩余物中再加入溶剂，观察是否能溶解，如加热后慢慢溶解，说明此产品需要加热较长时间才能全部溶解。如仍不溶解，则视为杂质去除。

（2）脱色

粗产品中常有一些有色杂质不能被溶剂去除，因此，需要用脱色剂来脱色。最常用的脱色剂是活性炭，它是一种多孔物质，可以吸附色素和树脂状杂质，但同时它也可以吸附产品，因此加入量不宜太多，一般为粗产品质量的 5％。具体方法为：待上述热的饱和溶液稍冷却后，加入适量的活性炭摇动，使其均匀分布在溶液中，加热煮沸 5～10 min 即可。注意千万不能在沸腾的溶液中加入活性炭，否则会引起暴沸，使溶液冲出容器造成产品损失。

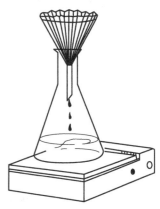

图 2-12　常压热过滤装置

（3）热过滤

热过滤的目的是去除不溶性杂质。为了尽量减少过滤过程中晶体的损失，操作时应做到：仪器热（将所用仪器用烘箱或气流烘干器烘热待用）、溶液热、动作快。热过滤有两种方法，即常压过滤（重力过滤）和减压过滤（抽滤）。常压热过滤的装置如图 2-12 所示。

热过滤时要使用折叠好的滤纸，滤纸的折叠方法如图 2-13 所示。

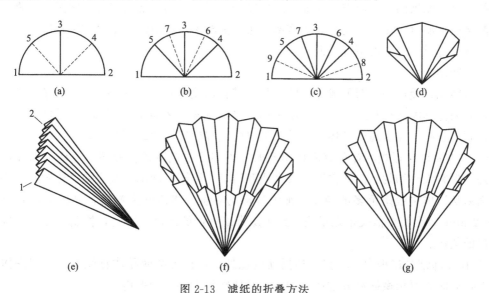

图 2-13　滤纸的折叠方法

将滤纸对折，然后再对折成四份；将 2 与 3 对折成 4，1 与 3 对折成 5，如图 2-13 中（a）所示；2 与 5 对折成 6，1 与 4 对折成 7，如图 2-13 中（b）所示；2 与 4 对折成 8，1 与 5 对折成 9，如图 2-13 中（c）所示。这时，折好的滤纸边全部向外，角全部向里，如图 2-13 中的（d）所示；再将滤纸反方向折叠，相邻的两条边对折即可得到图 2-13 中（e）的形状；然后将图 2-13（f）中的 1 和 2 向相反的方向折叠一次，可以得到一个完好的折叠滤纸，如图 2-13 中（g）所示。在折叠过程中应注意：所有折叠方向要一致，滤纸中央圆心部位不要用力折，以免破裂。

热过滤时动作要快，以免液体或仪器冷却后晶体过早地在漏斗中析出，如发生此现象，应用少量热溶剂洗涤，使晶体溶解进入滤液中。如果晶体在漏斗中析出太多，应重新加热溶解再进行热过滤。

减压热过滤的优点是过滤快，缺点是当用沸点低的溶剂时，因减压会使热溶剂蒸发或沸腾，导致溶液浓度变大，晶体过早析出。减压热过滤装置如图 2-14 所示。

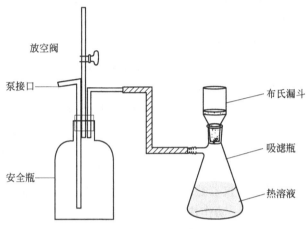

图 2-14　减压热过滤装置

抽滤时，滤纸的大小应与布氏漏斗底部完全一样，先用热溶剂将滤纸润湿，抽真空使滤纸与漏斗底部贴紧。然后迅速将热溶液倒入布氏漏斗中，在液体抽干之前漏斗应始终保持有液体存在，此时，真空度不宜太低。

（4）冷却结晶

冷却结晶是使产物重新形成晶体的过程，其目的是进一步与溶解在溶剂中的杂质分离。将上述热的饱和溶液冷却后，晶体可以析出。当冷却条件不同时，晶体析出的情况也不同。为了得到形状好、纯度高的晶体，在结晶析出的过程中应注意以下几点：

① 应在室温下慢慢冷却至有固体出现时，再用冷水或冰进行冷却，这样可以保证晶体形状好，颗粒大小均匀，晶体内不含有杂质和溶剂。否则，冷却太快会使晶体颗粒太小，晶体表面易从液体中吸附更多的杂质，加大洗涤的难度。当冷却太慢时，晶体颗粒有时太大（超过 2 mm），会将溶液夹带在里边，给干燥带来一定的困难。因此，控制好冷却速度是晶体析出的关键。

② 在冷却结晶过程中，不宜剧烈摇动或搅拌，这样也会使晶体颗粒太小。当晶体颗粒超过 2 mm 时，可稍微摇动或搅拌几下，使晶体颗粒大小趋于平均。

③ 有时滤液已冷却，但晶体还未出现，可用玻璃棒摩擦瓶壁促使晶体形成，或取少量溶液，使溶剂挥发得到晶体，将该晶体作为晶种加入原溶液中，液体中一旦有了晶种或晶核，晶体将会逐渐析出。晶种的加入量不宜过多，而且加入后不要搅动，以免晶体析出太快，影响产品的纯度。

④ 有时从溶液中析出的是油状物，此时，更深一步的冷却可以使油状物成为晶体析出，但含杂质较多。应重新加热溶解，然后慢慢冷却，当油状物析出时，剧烈搅拌可使油状物在

均匀分散的条件下固化，如还是不能固化，则需要更换溶剂或改变溶剂用量，再进行结晶。

（5）抽滤-真空过滤

抽滤的目的是将留在溶剂（母液）中的可溶性杂质与晶体（产品）彻底分离。其优点是：过滤和洗涤速度快，固体与液体分离得比较完全，固体容易干燥。

抽滤装置采用减压过滤装置。具体操作与减压热过滤大致相同，所不同的是仪器和液体都应该是冷的，所收集的是固体而不是液体。在晶体抽滤过程中应注意以下几点：

① 转移瓶中的残留晶体时，应用母液转移，不能用新的溶剂转移，以防溶剂将晶体溶解造成产品损失。用母液转移的次数和每次母液的用量都不宜太多，一般 2～3 次即可。

② 晶体全部转移至漏斗中后，为了将固体中的母液尽量抽干，可用玻璃棒或瓶塞挤压晶体。当母液抽干后，将安全瓶上的放空阀打开，用玻璃棒或不锈钢小勺将晶体松动，滴入几滴冷的溶剂进行洗涤，然后将放空阀关闭，将溶剂抽干同时进行挤压。这样反复 2～3 次，将晶体吸附的杂质洗干净。晶体抽滤洗涤后，将其倒入表面皿或培养皿中进行干燥。

（6）晶体的干燥

为了保证产品的纯度，需要将晶体进行干燥，把溶剂彻底去除。当使用的溶剂沸点比较低时，可在室温下使溶剂自然挥发达到干燥的目的。当使用的溶剂沸点比较高（如水）而产品又不易分解和升华时，可用红外灯烘干。当产品易吸水或吸水后已发生分解时，应用真空干燥器进行干燥。干燥后测熔点，如发现纯度不符合要求，可重复上述操作直至熔点不再改变为止。

三、仪器与试剂

1. 仪器：恒温水浴锅、电炉、铁架台、玻璃漏斗、布氏漏斗、锥形瓶、烧杯、表面皿、玻璃珠、回流冷凝管、循环水式真空泵等。

2. 试剂：苯甲酸、活性炭、乙醇、萘。

四、实验步骤

1. 用水重结晶苯甲酸

（1）预热漏斗

先将玻璃漏斗放入水浴锅中预热，注意，在进行热过滤操作时，也要维持玻璃漏斗的温度。

（2）制备苯甲酸粗品的热饱和溶液

称取 3 g 粗苯甲酸[2] 于锥形瓶中，加 80 mL 水和 2～3 颗玻璃珠，置于电炉上加热，待固体完全溶解再加入 2 g 活性炭，继续加热至微沸。另取一只 150 mL 的烧杯，加水 50 mL，置于电炉上同时加热。

（3）趁热过滤

从水浴锅中取出预热好的玻璃漏斗，在漏斗里放一张叠好的滤纸，用少量热水润湿，并将热的玻璃漏斗置于已固定好铁环的铁架台上，将上述热溶液尽快用玻璃漏斗滤入 250 mL 烧杯中。每次倒入漏斗的液体不要太满，也不要等溶液全部滤完再加，在过滤过程中应保持饱和溶液的温度。待所有溶液过滤完毕后，用少量热水洗涤锥形瓶和滤纸。

（4）冷却结晶

用表面皿将盛有滤液的烧杯盖好，稍冷后用冷水冷却，以使其尽快结晶完全。

（5）抽滤

结晶完成后，用布氏漏斗抽滤（滤纸用少量冷水润湿、吸紧），使晶体和母液分离，停止抽气，加少量冷水至布氏漏斗，使晶体润湿，然后重新抽干，如此反复 1～2 次，最后用药匙将提纯后的苯甲酸晶体移至表面皿上，在空气中晾干或在红外灯下干燥。

（6）测熔点检验其纯度，称重，计算回收率

苯甲酸熔点为 122.4 ℃。

2. 用 70% 乙醇重结晶萘

在装有回流冷凝管的 100 mL 锥形瓶中，放入 3 g 粗萘[3]，用 20 mL 70％乙醇[4] 作为溶剂，活性炭为脱色剂进行重结晶。结晶置于表面皿上，在空气中或红外灯下干燥。然后测其熔点，称重，计算回收率。

本实验约需 4～6 h。萘熔点为 80.55 ℃。

五、附注

[1] 当使用苯-无水乙醇混合溶剂时，乙醇必须是无水的，因为苯与含水乙醇不能任意混溶，在冷却时会引起溶剂分层。

[2] 苯甲酸在水中的溶解度：

$t/℃$	0	10	20	30	40	60	70	80	90	95
溶解度/(g/L)	1.7	2.1	2.9	4.2	6.0	12.0	17.7	27.5	45.5	68.0

[3] 萘在乙醇中的溶解度：

$t/℃$	10	20	25	30	40	50	60	70
溶解度/(g/L)	7.06	9.26	10.39	11.28	15.21	27.01	44.45	83.33

[4] 萘的熔点较 70％乙醇的沸点低，若加入不足量的 70％乙醇，加热至沸腾后，萘呈熔融状态而并非溶解，这时应继续添加溶剂直至完全溶解为止。

六、思考题

1. 重结晶加热溶解样品时，为什么先加入比计算量略少的溶剂，然后再逐渐加至恰好溶解，最后再多加入少量溶剂？

2. 为什么活性炭要在固体物质全部溶解后加入？

3. 用有机溶剂和水为溶剂进行重结晶时，在仪器装置和操作上有什么不同？

4. 如何选择溶剂？在什么情况下使用混合溶剂？

实验六

简 单 蒸 馏

一、实验目的

1. 学习蒸馏的基本原理，了解沸点测定的意义。

2. 掌握常量法测定物质沸点以及简单蒸馏的实验操作方法。

二、实验原理

将液体加热至沸腾，使液体变为蒸气，然后使蒸气冷却再冷凝为液体，这两个过程的联合操作称为蒸馏，它不仅是提纯物质和分离混合物的一种方法，还可用于测定化合物的沸点。所以蒸馏对鉴定纯的液体有机化合物也具有一定的意义。

将液体加热，它的蒸气压就随着温度的升高而增大，如图 2-6 所示。当液体的蒸气压增大到与外界施于液面的总压力（通常是大气压力）相等时，就有大量气泡从液体内部逸出，即液体沸腾。这时的温度称为液体的沸点。显然，沸点与所承受外界压力的大小有关。蒸气压的度量一般是以帕斯卡（帕，Pa）来表示。通常所说的沸点是指在 $1.013 \times 10^5 \, Pa$ 的压力（一个大气压）下液体沸腾的温度。例如水的沸点是 100 ℃，即指在一个大气压下水在 100 ℃时沸腾。在其他压力下的沸点应注明压力，例如在 $8.50 \times 10^4 \, Pa$ 时，水在 95 ℃沸腾，这时水的沸点可以表示为 95 ℃/$8.50 \times 10^4 \, Pa$。

纯的液体有机化合物在一定的压力下具有一定的沸点。但是具有固定沸点的液体不一定都是纯的化合物，因为某些有机化合物常常和其他组分形成二元或三元共沸混合物，它们也有一定的沸点。不纯物质的沸点则要取决于杂质的物理性质以及它和纯物质间的相互作用。假如杂质是不挥发的，则溶液的沸腾温度比纯物质的沸点略有提高（在蒸馏时，实际上测量的并不是溶液的沸点，而是逸出蒸气与其冷凝液平衡时的温度，即馏出液的沸点而不是瓶中蒸馏液的沸点）。若杂质是挥发性的，则蒸馏时液体的沸点会逐渐上升；或者由于两种或多种物质组成了共沸混合物，在蒸馏过程中温度可保持不变，停留在某一范围内（这样的混合物用一般的蒸馏方法无法分离，具体方法见后面的共沸蒸馏）。很明显，通过蒸馏可将易挥发的物质和不挥发的物质分离开来，也可将沸点不同的液体混合物分离开来。但对于简单蒸馏，液体混合物各组分的沸点必须相差很大（至少 30 ℃以上）才能得到较好的分离效果。

蒸馏过程一般分为以下三个阶段：

第一阶段，随着加热，蒸馏瓶内的混合液不断汽化，当液体的饱和蒸气压与施加给液体表面的外压相等时，液体沸腾。一旦水银球部位有液滴出现（说明体系正处于气-液平衡状态），温度计内水银柱急剧上升，直至接近易挥发组分沸点，之后水银柱上升变缓慢，开始有液体被冷凝而流出。我们将这部分流出液称为前馏分（或馏头）。由于这部分液体的沸点低于要收集组分的沸点，因此，应作为杂质弃掉。有时被蒸馏的液体几乎没有馏头，应将蒸馏出来的前 1~2 滴液体作为冲洗仪器的馏头去掉，不要收集到馏分中去，以免影响产品质量。

第二阶段，馏头蒸出后，温度稳定在沸程范围内，沸程范围越小，组分纯度越高。此时，流出来的液体称为正馏分，这部分液体是所要的产品。随着正馏分蒸出，蒸馏瓶内混合液体的体积不断减少。当温度超过沸程时，即可停止接收。

第三阶段，如果混合液中只有一种组分需要收集，此时，蒸馏瓶内剩余液体应作为馏尾弃掉。如果是多组分蒸馏，第一组分蒸完后温度上升到第二组分沸程前流出的液体，则既是第一组分的馏尾又是第二组分的馏头，称为交叉馏分，应单独收集。当温度稳定在第二组分沸程范围内时，即可接收第二组分。如果蒸馏瓶内液体很少时，温度会自然下降，此时应停止蒸馏。无论进行何种蒸馏操作，蒸馏瓶内的液体都不能蒸干，以防蒸馏瓶过热或有过氧化物存在而发生爆炸。

三、仪器与试剂

1. 仪器：简单蒸馏装置。

常压蒸馏装置见图 2-15。

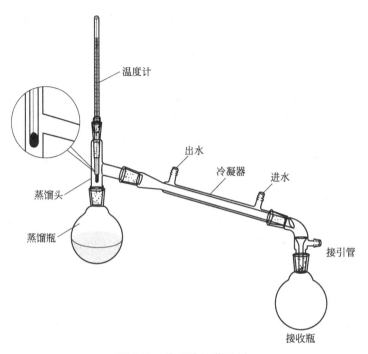

图 2-15   常压蒸馏装置图

在安装仪器时应注意：温度计水银球上限与蒸馏头支管下限在同一水平线上，常压蒸馏装置均不能密封。

2. 试剂：丙酮。

四、实验步骤

1. 简单蒸馏操作

① 加料：做任何实验都应先组装好仪器再加原料。加液体原料时，取下温度计和温度计套管，在蒸馏头上口放一长颈漏斗，注意长颈漏斗下口处的斜面应超过蒸馏头支管，慢慢地将液体倒入蒸馏瓶中。

② 加沸石：为了防止液体暴沸，应加入 2～3 粒沸石。沸石为多孔性物质，当加热液体时，孔内的小气泡形成汽化中心，使液体平稳地沸腾。如加热中断，再加热时应重新加入沸石，因原来沸石上的小孔已被液体充满，不能再起汽化中心的作用。

③ 加热：开通冷凝水，开始加热时，电压可调得略高些，一旦液体沸腾，水银球部位出现液滴，开始控制调压器电压，蒸馏速度以每秒 1～2 滴为宜。蒸馏时，温度计水银球上应始终保持有液滴存在，如果没有液滴说明可能有两种情况：一是温度低于沸点，体系内气-液相没有达到平衡，此时，应将电压调高；二是温度过高，出现过热现象，此时，温度已超过沸点，应将电压调低。

④ 观察沸点及馏分的收集：至少要准备两只接收瓶，其中一只用于接收前馏分，另一只用于接收预期所需馏分。前馏分蒸完，温度稳定后，换一只干燥的接收瓶（需称重）来接收正馏分，当温度超过沸程范围时，停止接收。观察沸点，记录该馏分的沸程（即该馏分的第一滴和最后一滴时温度计的读数）。液体的沸程常可代表它的纯度，沸程越短，蒸出的物质越纯。纯液体的沸程一般不超过 1～2 ℃。对于合成实验的产品，因大部分是从混合物中采用蒸馏法提纯的，由于简单蒸馏方法的分离能力有限，故在普通的有机化学实验中的沸程较宽。

⑤ 停止蒸馏：馏分蒸完后，如不需要接收第二组分，可停止蒸馏。应先停止加热，取下电热套。待稍冷却后馏出物不再继续流出时，取下接收瓶保存好产物，关掉冷凝水，拆除仪器（与安装仪器顺序相反），并加以清洗。

2. 实验内容

丙酮和水的简单蒸馏：取 15 mL 工业丙酮和 15 mL 水（自来水）进行简单蒸馏，分别记录 56～62 ℃、62～72 ℃、72～98 ℃、98～100 ℃时的馏出液体积。根据温度和体积画出蒸馏曲线。

五、思考题

1. 蒸馏过程中应注意哪些问题？
2. 沸石在蒸馏中的作用是什么？忘记加沸石时，应如何补加？
3. 蒸馏时瓶中加入的液体为什么要控制在其容积的 1/3 和 2/3 之间？

分　馏

一、实验目的

1. 学习分馏的基本原理。
2. 掌握分馏的实验操作方法。

二、实验原理

分馏主要用于分离两种或两种以上沸点相近且混溶的有机溶液。分馏在实验室和工业生产中应用广泛，工程上常称为精馏。

简单蒸馏只能使液体混合物得到初步的分离。为了获得高纯度的产品，理论上可以采用多次部分汽化和多次部分冷凝的方法，即将简单蒸馏得到的馏出液再次部分汽化和冷凝，以得到纯度更高的馏出液。而将简单蒸馏剩余的混合液再次部分汽化，则得到易挥发组分更少、难挥发组分更多的混合液。只要上面的这一过程足够多，就可以将两种沸点相差很小的有机溶液分离成纯度很高的单一组分。简言之，分馏即为反复多次的简单蒸馏。在实验室常采用分馏柱来实现，而工业上采用精馏塔。

分馏装置与简单蒸馏装置类似，不同之处在于蒸馏瓶与蒸馏头之间加了一根分馏柱，如图 2-16 所示。

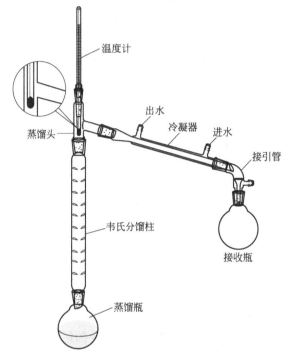

图 2-16　简单分馏装置

分馏柱的种类很多，实验室常用韦氏分馏柱（头）。微型实验一般用填料柱，即在一根玻璃管内填上惰性材料，如环形、螺旋形、马鞍形等各种形状的玻璃、陶瓷或金属小片。

在分馏过程及操作中应注意以下几点。

① 在分馏过程中，不论使用哪种分馏柱，都应防止回流液体在柱内聚集（称为液泛），否则会减少液体和蒸气的接触面积，或者使上升的蒸气将液体冲入冷凝管中，达不到分馏的目的。为了避免这种情况的发生，需在分馏柱外面包一定厚度的保温材料，以保证柱内具有一定的温度梯度，防止蒸气在柱内冷凝太快。当使用填充柱时，往往由于填料装得太紧或不均匀，造成柱内液体聚集，这时需要重新装柱。

② 对分馏来说，在柱内保持一定的温度梯度是极为重要的。在理想情况下，柱底的温度与蒸馏瓶内液体沸腾时的温度接近。柱内自下而上温度不断降低，直至柱顶接近易挥发组分的沸点。一般情况下，柱内温度梯度的保持可以通过调节馏出液速度来实现，若加热速度快，蒸出速度也快，会使柱内温度梯度变小，影响分离的效果。若加热速度慢，蒸出速度也慢，会发生液泛。另外可以通过控制回流比来保持柱内温度梯度和提高分离效率。所谓回流比，是指冷凝液流回蒸馏瓶的速度与柱顶蒸气通过冷凝管流出速度的比值。回流比越大，分离效果越好。回流比的大小根据物系和操作情况而定，一般回流比控制在 4∶1，即冷凝液每流回蒸馏瓶 4 滴，柱顶馏出液为 1 滴。

③ 液泛能使柱身及填料完全被液体浸润，在分离开始时，可以人为地利用液泛将液体均匀地分布在填料表面，充分发挥填料本身的效率，这种情况叫预液泛。一般分馏时，先将电压调得稍大些，一旦液体沸腾就应注意将电压调小，当蒸气冲到柱顶还未达到水银球部位

时，通过控制电压使蒸气保证在柱顶全回流，这样维持 5 min，再将电压调至合适的位置。此时，应控制好柱顶温度，使馏出液以每两三秒 1 滴的速度平稳流出。

三、仪器与试剂

1. 仪器：简单分馏装置、阿贝折射仪。
2. 试剂：工业酒精。

四、实验步骤

乙醇和水的分馏：取 10 mL 工业酒精和 10 mL 水（自来水）进行常压分馏，分别记录 74～76 ℃、76～80 ℃、80～98 ℃、98～102 ℃时的馏出液体积。根据温度和体积画出分馏曲线，并与简单蒸馏曲线比较，并用阿贝折射仪测定其中 76～80 ℃、98～102 ℃馏出液的折射率。

五、思考题

1. 为什么分馏时加热要平稳并控制好回流比？
2. 进行预液泛的目的是什么？

实验八

减 压 蒸 馏

一、实验目的

1. 了解减压蒸馏的基本原理。
2. 掌握减压蒸馏操作。

二、实验原理

减压蒸馏适用于在常压下沸点较高及常压蒸馏时易发生分解、氧化、聚合等反应的热敏性有机化合物的分离提纯。一般把低于一个大气压的气态空间称为真空，因此，减压蒸馏也称真空蒸馏。

液体的沸点与外界施加于液体表面的压力有关，随着外界施加于液体表面压力的降低，液体沸点下降。沸点与压力的关系可近似地用式（2-8）表示：

$$\lg p = A + \frac{B}{T} \tag{2-8}$$

式中，p 为液体表面的蒸气压；T 为溶液沸腾时的热力学温度；A，B 为常数。

如果用 $\lg p$ 为纵坐标，$1/T$ 为横坐标，可近似得到一条直线。从二元组分已知的压力和温度可算出 A 和 B 的数值，再将所选择的压力代入上式，即可求出液体在这个压力下的沸点。表 2-4 给出了部分有机化合物在不同压力下的沸点。

表 2-4　部分有机化合物压力与沸点的关系

压力/Pa(mmHg)	沸点/℃					
	水	氯苯	苯甲醛	水杨酸乙酯	甘油	蒽
101325(760)	100	132	179	234	290	354
6665(50)	38	54	95	139	204	225
3999(30)	30	43	84	127	192	207
3332(25)	26	39	79	124	188	201
2666(20)	22	34.5	75	119	182	194
1999(15)	17.5	29	69	113	175	186
1333(10)	11	22	62	105	167	175
666(5)	1	10	50	95	156	159

　　但实际上许多物质的沸点变化是由分子在液体中的缔合程度决定的。因此，在实际操作中经常使用图 2-17 来估计某种化合物在某一压力下的沸点。

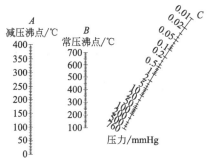

图 2-17　常压、减压下的沸点近似图

　　压力对沸点的影响还可以进行如下估算：

　　① 从大气压降至 3332 Pa（25 mmHg）时，高沸点（250～300 ℃）化合物的沸点随之下降 100～125 ℃左右。

　　② 当压力在 3332 Pa（25 mmHg）以下时，压力每降低一半，沸点下降 10 ℃。

　　对于具体某个化合物减压到一定程度后其沸点是多少，可以查阅有关资料，但更重要的是通过实验来确定。

三、仪器与试剂

　　1. 仪器：减压蒸馏装置。

　　图 2-18 是常用的减压蒸馏装置。整个系统由蒸馏、抽气（减压）、保护装置及测压装置四部分组成。

　　① 蒸馏部分：由蒸馏瓶、克氏蒸馏头、温度计、毛细管、直形冷凝器、真空接引管（若要收集不同馏分而又不中断蒸馏，则可采用三叉燕尾管）以及接液瓶等组成。毛细管的作用是使沸腾均匀稳定，其长度恰好使其下端距离瓶底 1～2 mm。

　　② 抽气部分：实验室通常用油泵或水泵进行减压。

　　③ 保护部分：当用油泵进行减压时，为了防止易挥发的有机溶剂、酸性物质和水汽进入油泵，必须在馏液接收器与油泵之间顺次安装冷阱和几种吸收塔，以免污染油泵用油、腐蚀机件。冷阱置于盛有冷却剂的广口保温瓶中，冷却剂的选择随需要而定，可用冰-水、冰-盐、干冰等，吸收塔（干燥塔）通常设两个，前一个装无水氯化钙（或硅胶），后一个装粒

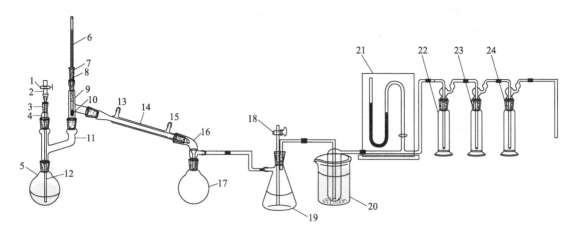

图 2-18　减压蒸馏的典型装置

1—螺旋夹；2—乳胶管；3、7—单孔塞；4、8—套管；5、17—圆底烧瓶；6—温度计；9—蒸馏头；10—水银球；
11—Y 形管；12—毛细滴管；13—出水管；14—直形冷凝管；15—进水管；16—真空接引管；
18—放空阀；19—安全瓶；20—冷阱；21—压力计；22—氯化钙塔；23—氢氧化钠塔；24—石蜡块塔

状氢氧化钠。有时为了吸除有机溶剂，可再加一个石蜡片吸收塔。最后一个吸收塔与油泵相接。

④ 测压部分：实验室通常采用水银压力计来测量减压系统的压力。水银压力计有封闭式和开口式两种。

减压蒸馏操作时有以下几个要点。

① 减压蒸馏时，蒸馏瓶和接收瓶均不能使用不耐压的平底仪器（如锥形瓶、平底烧瓶等）和薄壁或有破损的仪器，以防由于装置内处于真空状态，外部压力过大而引起爆炸。

② 减压蒸馏的关键是装置密封性要好，因此在安装仪器时，应在磨口接头处涂抹少量真空脂，以保证装置密封和润滑。温度计一般用一小段乳胶管固定在温度计套管上。

③ 仪器装好后，应空试系统是否密封。具体方法为：

a. 泵打开后，将安全瓶上的放空阀关闭，拧紧毛细管上的螺旋夹，待压力稳定后，观察压力计（表）上的读数是否到了最小或是否达到所要求的真空度。如果没有，说明系统内漏气，应进行检查。

b. 首先将真空接引管与安全瓶连接处的橡胶管折起来用手捏紧，观察压力计（表）的变化，如果压力马上下降，说明装置内有漏气点，应进一步检查装置，排除漏气点；如果压力不变，说明自安全瓶以后的系统漏气，应依次检查安全瓶和泵，并加以排除或请指导老师排除。

c. 漏气点排除后，应再重新空试，直至压力稳定并且达到所要求的真空度时，方可进行下面的操作。

④ 减压蒸馏时，加入待蒸馏液体的量不能超过蒸馏瓶容积的 1/2。待压力稳定后，蒸馏瓶内液体中有连续平稳的小气泡通过。由于减压蒸馏时一般液体在较低的温度下就可蒸出，因此，加热不要太快。当馏头蒸完后转动三叉燕尾管，开始接收正馏分，蒸馏速度控制在每秒 1～2 滴。在压力稳定及化合物较纯时，沸程应控制在 1～2 ℃范围内。

⑤ 停止蒸馏时，应先将加热器关闭并撤走，待稍冷却后，调大毛细管上的螺旋夹，慢慢打开安全瓶上的放空阀，使压力计（表）恢复到零的位置，再关泵。否则由于系统中压力低，会发生油或水倒吸回安全瓶或冷阱的现象。

⑥ 为了保护油泵系统和泵中的油，在使用油泵进行减压蒸馏前，应将低沸点的物质先用简单蒸馏的方法去除，必要时可先用水泵进行减压蒸馏。加热温度以产品不分解为准。

2. 试剂：苯胺[1]。

四、实验步骤

苯胺的减压蒸馏：取两个 25 mL 圆底烧瓶分别作为减压蒸馏瓶和接收瓶，照图 2-18 安装仪器，称取 10 g（约 9.6 mL）苯胺，进行减压蒸馏，真空度控制在 2.66～5.32 kPa。收集沸点范围一般不超过所预期的温度±1℃。得纯苯胺 9.6 g。纯苯胺的沸点为 184.13 ℃，n_D^{20} 为 1.5863。本实验约需 5～7 h。

五、附注

[1] 苯胺在不同温度下的压力：

温度/℃	71	77	92	102	119	139	162	175
压力/kPa(mmHg)	1.200(9)	2.000(15)	4.400(33)	6.666(50)	13.332(100)	26.664(200)	53.329(400)	79.993(600)

六、思考题

1. 为什么减压蒸馏时要保持缓慢而稳定的蒸馏速度？
2. 三角瓶作为减压蒸馏的接收瓶行不行？为什么？

实验九

共 沸 蒸 馏

一、实验目的

1. 学习共沸蒸馏的基本原理。
2. 掌握共沸蒸馏操作。

二、实验原理

共沸蒸馏又称恒沸蒸馏，主要用于共沸物的分离。共沸物是指在一定压力下，具有恒定沸点的混合液体。该沸点比纯物质的沸点更低或更高。

在共沸混合物中加入第三组分，该组分与原混合物中的一种或两种组分形成沸点比原组分和原来共沸物沸点更低的、新的具有最低沸点的共沸物，使组分间的相对挥发度比值增大，易于用蒸馏的方法分离。这种分离方法称为共沸蒸馏，加入的第三组分称为恒沸剂或夹带剂。

工业上常用苯作为恒沸剂进行共沸精馏制取无水酒精。常用的夹带剂有苯、甲苯、二甲苯、三氯甲烷、四氯化碳等。

三、共沸蒸馏装置

图 2-19 是实验室常用的共沸蒸馏装置。它是在蒸馏瓶与回流冷凝管之间增加了一根分水器。

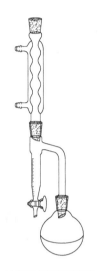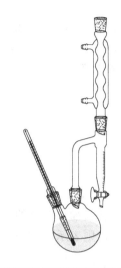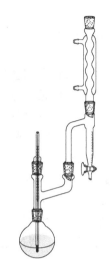

(a) 普通共沸蒸馏装置　　　(b) 带控温的共沸蒸馏装置(两口烧瓶)　　(c) 带控温的共沸蒸馏装置(单口烧瓶)

图 2-19　共沸蒸馏装置

四、实验步骤

见"实验二十四　乙酸乙酯的制备"和"实验二十五　乙酸正丁酯的制备"。

实验十

水蒸气蒸馏

一、实验目的

1. 学习水蒸气蒸馏的原理和方法。
2. 掌握水蒸气蒸馏基本操作。

二、实验原理

当对一个互不混溶的挥发性混合物（非均相共沸混合物）进行蒸馏时，在一定温度下，每种液体将显示其各自的蒸气压，而不被另一种液体所影响，它们各自的分压只与各自纯物质的饱和蒸气压有关，即 $p_A = p_A^0$，$p_B = p_B^0$，而与各组分的摩尔分数无关，其总压为各分压之和，即式(2-9)：

$$p_总 = p_A + p_B = p_A^0 + p_B^0 \tag{2-9}$$

由此我们可以看出，混合物的沸点要比其中任何单一组分的沸点都低。在常压下用水蒸气（或水）作为其中的一相，能在低于 100 ℃ 的情况下将高沸点的组分与水一起蒸出来。综上所述，一个由不混溶液体组成的混合物将在比它的任何单一组分（作为纯化物时）的沸点都要低的温度下沸腾，用水蒸气（或水）充当这种不混溶相之一所进行的蒸馏操作称为水蒸气蒸馏。

水蒸气蒸馏是纯化分离有机化合物的重要方法之一。此法常用于以下几种情况：

① 混合物中含有大量树脂状杂质或不挥发杂质，用蒸馏、萃取等方法难以分离；

② 在常压下普通蒸馏会发生分解的高沸点有机物；

③ 脱附混合物中被固体吸附的液体有机物；

④ 除去易挥发的有机物。

运用水蒸气蒸馏时，被提纯物质应具备以下条件：

① 不溶或难溶于水；

② 在沸腾下不与水发生反应；

③ 在 100 ℃ 左右时，必须具有一定的蒸气压（一般不少于 1.333 kPa）。

水蒸气蒸馏时，馏出液两组分的组成由被蒸馏化合物的分子量以及在此温度下两者相应的饱和蒸气压来决定。假如它们是理想气体，则表示为式（2-10）：

$$pV = nRT = \frac{m}{M}RT \tag{2-10}$$

式中，p 为蒸气压；V 为气体体积；m 为气相下该组分的质量；M 为纯组分的分子量；R 为气体常数；T 为热力学温度。

气相中两组分的理想气体方程分别表示为式（2-11）和式（2-12）：

$$p^0_{水} V_{水} = \frac{m_{水}}{M_{水}}RT \tag{2-11}$$

$$p^0_{B} V_{B} = \frac{m_{B}}{M_{B}}RT \tag{2-12}$$

将两式相比得到式（2-13）：

$$\frac{p^0_{B}V_{B}}{p^0_{水}V_{水}} = \frac{m_{B}M_{水}}{m_{水}} \frac{RT}{M_{B}RT} \tag{2-13}$$

在水蒸气蒸馏条件下，$V_{水} = V_{B}$ 且温度相等，故上式可改写为式（2-14）：

$$\frac{m_{B}}{m_{水}} = \frac{p^0_{B}M_{B}}{M_{水} p^0_{水}} \tag{2-14}$$

利用混合物蒸气压与温度的关系可查出沸腾温度下水和组分 B 的蒸气压。图 2-20 给出了溴苯、水及溴苯-水混合物的蒸气压与温度的关系。从图中我们可以看出，当混合物沸点为 95 ℃ 时，水的蒸气压为 85.3 kPa（640 mmHg），溴苯为 16.0 kPa（120 mmHg），代入式（2-14）得到：

$$\frac{m_{溴苯}}{m_{水}} = \frac{16.0 \times 157}{85.3 \times 18} = \frac{2512}{1535.4} = \frac{1.64}{1}$$

此结果说明，虽然在混合物沸点下溴苯的蒸气压低于水的蒸气压，但是，由于溴苯的分子量大于水的分子量，因此，在馏出液中溴苯的量比水多，这也是水蒸气蒸馏的一个优点。如果使用过热蒸汽，还可以提高组分在馏出液中的比例。

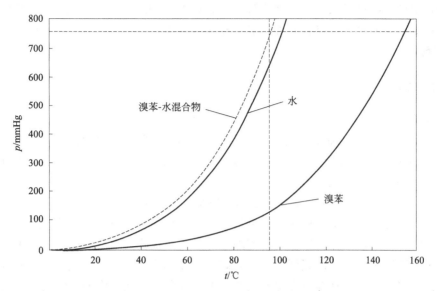

图 2-20　溴苯、水及溴苯-水混合物的蒸气压与温度的关系

三、仪器与试剂

1. 仪器：水蒸气蒸馏装置。

水蒸气蒸馏装置由水蒸气发生器和简单蒸馏装置组成，图 2-21 为实验室常用的水蒸气蒸馏装置。

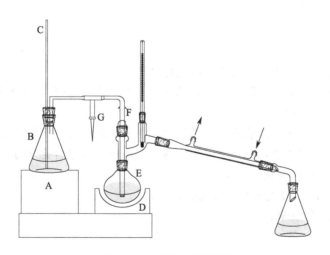

图 2-21　水蒸气蒸馏装置

A 是电炉，B 是水蒸气发生器，通常盛水量以其容积的 3/4 为宜。如果太满，沸腾时水将冲至烧瓶。C 是安全管，管的下端接近水蒸气发生器的底部。当容器内气压太大时，水可沿着玻璃管上升，以调节内压。如果系统发生阻塞，水便会从管的上口冲出，此时应检查圆底烧瓶内蒸汽导管下口是否阻塞。D 是蒸馏瓶，通常采用长颈圆底烧瓶。为了防止瓶中液体因飞溅而冲入冷凝管内，故加一克氏蒸馏头，瓶内液体不宜超过容积的 1/3。为了防止蒸汽在 E 中冷凝而积聚过多，可在 E 下加电热套 D 加热，但要控制加热速度以使蒸馏出来的馏分

能在冷凝管中完全冷凝下来。F 是蒸汽导入管。G 是 T 形管下端胶皮管上的螺旋夹，以便及时除去冷凝下来的水滴。接收瓶外一般加冷却水冷却。

2. 试剂：萘。

四、实验步骤

萘的水蒸气蒸馏：

① 在水蒸气发生器中加 3/4 的水，2～3 粒沸石，在圆底烧瓶中加入 10 g 粗萘，然后照图 2-21 安装仪器（冷凝管用 20 cm 直形冷凝管，接收瓶用 300 mL 三角瓶），打开螺旋夹，开启冷凝水，加热水蒸气发生器至沸。

② 当有水蒸气从 T 形管的支管冲出时，旋紧夹子，让蒸汽进入烧瓶中。调节冷凝水，防止在冷凝管中有固体析出，使馏分保持液态。如果已有固体析出，可暂时停止通冷凝水，必要时可暂时将冷凝水放掉，以使物质熔融后随水流入接收器中。必须注意：重新通入冷凝水时，要小心而缓慢，以免冷凝管因骤冷而破裂。控制馏出液速度在每秒 2～3 滴。在蒸馏时要随时注意安全管的水柱是否发生不正常的上升现象以及烧瓶中的液体发生倒吸现象，一旦发生这种现象，应立即打开夹子，移去热源，排除故障后，方可继续蒸馏。在蒸馏过程中要随时放掉 T 形管中已积满的水。

③ 当馏出液澄清透明不再含有有机物油滴时（在通冷却水的情况下），可停止蒸馏。先打开螺旋夹，通大气，然后方可停止加热，否则烧瓶中液体将会倒吸到水蒸气发生器中。

④ 把接收瓶中的蒸馏液用冷水冷却，然后用布氏漏斗进行水泵减压抽滤。把结晶萘转移到表面皿中晾干，称重。产量为 9～9.5 g。测其熔点为 80.55 ℃。

本实验约需 4～6 h。

五、思考题

1. 水蒸气蒸馏时，如何判断有机物已完全蒸出？

2. 水蒸气蒸馏时，随着蒸汽的导入，蒸馏瓶中液体越积越多，导致有时液体冲入冷凝器中，如何避免这一现象？

3. 今有硝基苯、苯胺混合液体，能否利用化学方法及水蒸气蒸馏的方法将二者分离？

4. 以下几组混合体系中，哪几个可用水蒸气蒸馏法（或结合化学方法）进行分离？

(1) 对氯甲苯和对甲苯胺；

(2) $CH_3CH_2CH_2OH$ 与 CH_3CH_2OH；

(3) Fe、$FeBr_3$ 和溴苯。

实验十一

萃　　取

一、实验目的

1. 学习萃取的基本原理。

2. 掌握萃取的操作方法。

二、实验原理

萃取是有机化学实验中用来提取或纯化有机化合物的常用操作之一。应用萃取可以从固体或液体混合物中提取所需要的物质，也可以用来洗去混合物中的少量杂质。通常前者称为"萃取"，后者称为"洗涤"。按萃取两相的不同，萃取可分液-液萃取、液-固萃取、气-液萃取。在此，我们重点介绍液-液萃取。

在欲分离的液体混合物中加入一种与其不溶或部分互溶的液体溶剂，形成两相系统，利用液体混合物中各组分在两相中的溶解度和分配系数的不同，易溶组分较多地进入溶剂相，从而实现混合液的分离。

组分在两相之间的平衡关系是萃取过程的热力学基础，它决定过程的方向，是推动力和过程的极限。当萃取剂和原溶液完全不互溶时，溶质 A 在两相间的分配平衡关系如图 2-22 所示。图中纵坐标表示溶质在萃取剂中的质量分数 y，横坐标表示溶质在原溶液中的质量分数 x。图中平衡曲线又称分配曲线。

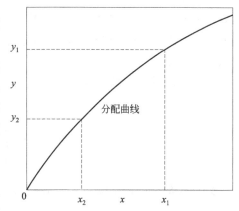

图 2-22　溶质 A 在两相间的分配平衡

由此可以看出，简单萃取过程为：将萃取剂加入混合液中，使其互相混合，因溶质在两相间的分配未达到平衡，而溶质在萃取剂中的平衡浓度高于其在原溶液中的浓度，于是溶质从混合液向萃取剂中扩散，使溶质与混合液中的其他组分分离，因此，萃取是两相间的传质过程。

溶质 A 在两相间的平衡关系可以用平衡常数 K 来表示，如式(2-15) 所示：

$$K = \frac{c_A}{c_B} \tag{2-15}$$

式中，c_A 为溶质在萃取剂中的浓度；c_B 为溶质在原溶液中的浓度。

对于液-液萃取，K 通常称为分配系数，可将其近似地看作溶质在萃取剂和原溶液中的溶解度之比。

用萃取方法分离混合液时，混合液中的溶质既可以是挥发性物质，也可以是非挥发性物质（如无机盐类）。

1. 萃取过程的分离效果

萃取过程的分离效果主要表现为被分离物质的萃取率和分离纯度。萃取率为萃取液中被提取的物质与原溶液中的溶质的质量之比。萃取率越高，表示萃取过程的分离效果越好。

影响分离效果的主要因素包括：被萃取的物质在萃取剂与原溶液两相之间的平衡关系以及在萃取过程中两相之间的接触情况。这些因素都与萃取次数和萃取剂的选择有关。利用分配定律，可算出经过 n 次萃取后在原溶液中溶质的剩余量，见式(2-16)：

$$W_n = W_0 \left(\frac{KV}{KV+S} \right)^n \tag{2-16}$$

式中，W_n 为经过 n 次萃取后溶质在原溶液中的剩余量，$n = 1$，2，3，…；W_0 为萃取前化合物的总量；K 为分配系数；V 为原溶液的体积；S 为萃取剂的用量。

当用一定量溶剂萃取时，希望原溶液中的剩余量越少越好。因为 $KV/(KV+S)$ 总是小于 1，所以 n 越大，W_n 就越小，也就是说将全部萃取剂分为多次萃取比一次全部用完萃取效果要好。例如，在含有 4 g 正丁酸的 100 mL 水溶液中，在 15 ℃时用 100 mL 苯萃取，已知在 15 ℃时正丁酸在水和苯中的分配系数 $K = 1/3$，下面计算用 100 mL 苯一次萃取和分三次萃取的结果：

一次萃取后正丁酸在水中的剩余量为：

$$W_1 = 4 \times \frac{\frac{1}{3} \times 100}{\frac{1}{3} \times 100 + 100} \text{g} = 1.00 \text{g}$$

分三次萃取后正丁酸在水中的剩余量为：

$$W_3 = 4 \times \left(\frac{\frac{1}{3} \times 100}{\frac{1}{3} \times 100 + 33.3} \right)^3 \text{g} = 0.5 \text{g}$$

从上面的计算可以看出，用 100 mL 苯一次萃取可以提出 3.0 g 的正丁酸，占总量的 75%，分三次萃取后可提出 3.5 g，占总量的 87.5%。当萃取总量不变时，萃取次数增加，每次用萃取剂的量就要减少。当 $n > 5$ 时，n 和 S 这两种因素的影响几乎抵消，再增加萃取次数，W_n/W_{n+1} 的变化很小。所以一般同体积溶剂分 3～5 次萃取即可。但是，式(2-16)只适用于萃取剂与原溶液不互溶的情况，对于萃取剂与原溶液部分互溶的情况，只能给出近似的预测结果。

2. 萃取剂的选择

萃取剂对萃取分离效果的影响很大，选择时应注意考虑以下几个方面。

① 分配系数：被分离物质在萃取剂与原溶液两相间的平衡关系是选择萃取剂首先应考虑的问题。分配系数 K 的大小对萃取过程有着重要的影响，分配系数 K 大，表示被萃取组分在萃取相的组成高，萃取剂用量少，溶质容易被萃取出来。

② 密度：在液-液萃取中两相间应保持一定的密度差，以利于两相的分层。

③ 界面张力：萃取体系的界面张力较大时，细小的液滴比较容易聚结，有利于两相的分离。但是界面张力过大，液体不易分散，难以使两相很好地混合；界面张力过小时，液体易分散，但易产生乳化现象使两相难以分离。因此，应从界面张力对两相混合与分层的影响来综合考虑，一般不宜选择界面张力过小的萃取剂。常用体系界面张力的数值可在文献中找到。

④ 黏度：萃取剂黏度低，有利于两相的混合与分层，因而黏度低的萃取剂对萃取有利。

⑤ 其他：萃取剂应具有良好的化学稳定性，不易分解和聚合，一般选择低沸点溶剂，

萃取剂容易与溶质分离和回收。毒性、易燃易爆性、价格等都应加以考虑。

一般选择萃取剂时，难溶于水的物质用石油醚作为萃取剂，较易溶于水的物质用苯或乙醚作为萃取剂，易溶于水的物质用乙酸乙酯或类似的物质作为萃取剂。

常用的萃取剂有乙醚、苯、四氯化碳、石油醚、氯仿、二氯甲烷、乙酸乙酯等。

3. 操作方法

萃取常用的仪器是分液漏斗。使用前应先检查下口活塞和上口塞子是否有漏液现象。在活塞处涂少量凡士林，旋转几圈将凡士林涂均匀。在分液漏斗中加入一定量的水，将上口塞子盖好，上下摇动分液漏斗中的水，检查是否漏水，确定不漏后再使用。

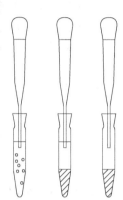

将待萃取的原溶液倒入分液漏斗中，再加入萃取剂（如果是洗涤应先将水溶液分离后，再加入洗涤溶液），将塞子塞紧，用右手的拇指和中指拿住分液漏斗，食指压住上口塞子，左手的食指和中指压住下口管，同时，食指和拇指控制活塞。

然后将漏斗放平，前后摇动或做圆周运动，使液体振动起来，两相充分接触。在振动过程中应注意不断放气以免萃取或洗涤时，内部压力过大，造成漏斗的塞子被顶开，使液体喷出，严重时会造成漏斗爆炸，造成伤人事故。放气时，将漏斗的下口向上倾斜，使液体集中在漏斗的上部，用控制活塞的拇指和食指打开活塞放气，注意不要对着人，一般振动两三次就放一次气。经几次摇动放气后，将漏斗放在铁架台的铁圈上，将塞子上的小槽对准漏斗上的通气孔，静置 3~5 min。待液体分层后将萃取相（即有机相）

图 2-23　微量萃取法

倒出，接收在一个干燥好的锥形瓶中，萃余相（水相）再加入新萃取剂继续萃取。重复以上操作过程，萃取完后，合并萃取相，再加入干燥剂进行干燥。干燥后，先将低沸点的物质和萃取剂用简单蒸馏的方法蒸出，然后视产品的性质选择合适的纯化手段。

当被萃取的原溶液量很少时，可采取微量萃取技术进行萃取。取一支离心分液管放入原溶液和萃取剂，盖好盖子，用手摇动分液管或用滴管向液体中鼓气，使液体充分接触，并注意随时放气。静置分层后，用滴管将萃取相吸出，在萃取相中加入新的萃取剂继续萃取（图 2-23）。以后的操作如前所述。

在萃取操作中应注意以下几个问题。

① 分液漏斗中的液体不宜太多，以免摇动时影响液体接触而使萃取效果降低。

② 液体分层后，上层液体由上口倒出，下层液体由下口经活塞放出，以免污染产品。

③ 溶液呈碱性时，常产生乳化现象。有时存在少量轻质沉淀，两液相密度接近，两液相部分互溶等都会引起分层不明显或不分层。此时，静置时间应长一些，或加入一些食盐，增加水相的密度，使絮状物溶于水中，迫使有机物溶于萃取剂中；或加入几滴酸、碱、醇等，以破坏乳化现象。如上述方法不能将絮状物破坏，在分液时，应将絮状物与萃余相（水层）一起放出。

④ 液体分层后应正确判断萃取相（有机相）和萃余相（水相），一般根据两相的密度来确定，密度大的在下面，密度小的在上面。如果一时判断不清，应将两相分别保存起来，待弄清后，再弃掉不要的液体。

三、仪器与试剂

1. 仪器：循环水式真空泵、显微熔点测定仪、电子天平、电炉、圆底烧瓶、球形冷凝器、分液漏斗、烧杯、布氏漏斗。

2. 试剂：苯甲酸、对甲苯胺、萘、乙醚、盐酸、氢氧化钠、氯化钠。

四、实验步骤

用萃取法分离苯甲酸、对甲苯胺和萘的混合物。

需要分离的三种物质都是有机物，它们都能溶于乙醚，在水中的溶解度都很小。对甲苯胺具有碱性，苯甲酸具有酸性，萘既不显酸性也不显碱性。因此，可先将三种物质的固体溶于乙醚，然后分别用盐酸萃取对甲苯胺，用氢氧化钠的水溶液萃取苯甲酸，而萘留在乙醚中。

反应式：

$$\bigcirc\!\!-\!COOH + NaOH \longrightarrow \bigcirc\!\!-\!COONa + H_2O$$

$$CH_3\!-\!\bigcirc\!\!-\!NH_2 + HCl \longrightarrow CH_3\!-\!\bigcirc\!\!-\!N^+ H_3 Cl^-$$

首先，分别称取对甲苯胺、苯甲酸、萘各 3 g，置于 125 mL 圆底烧瓶中，加入 60 mL 乙醚，圆底烧瓶上安装球形冷凝器，加热回流，使固体溶解，待固体完全溶解后冷却。将此乙醚溶液倒入 250 mL 的分液漏斗中，然后依次用 20 mL 5％HCl 萃取对甲苯胺三次[1]。合并酸萃取液，将其置于 125 mL 的分液漏斗中，分别用 15 mL 乙醚萃取其中的苯甲酸和萘两次[2]，萃取的乙醚溶液移入前分液漏斗中与乙醚溶液合并，萃取所得的酸液在小烧杯中慢慢加入 NaOH 中和至碱性，抽滤得对甲苯胺。

上面的乙醚溶液分别用 20 mL 5％ NaOH 萃取三次，合并碱萃取液，将其倒入 125 mL 的分液漏斗中，分别用 15 mL 乙醚萃取碱液中的萘两次，将所得的乙醚溶液与上面的乙醚溶液合并。所得的碱液，用浓盐酸中和至酸性，抽滤得苯甲酸。

所得到的乙醚溶液，分别用 20 mL 饱和食盐水洗涤两次，然后用蒸馏水洗至中性。将乙醚溶液移入 250 mL 烧瓶中，蒸出大部分乙醚，有固体萘析出，取出自然晾干。

所得到的对甲苯胺、苯甲酸、萘分别进行重结晶。测其熔点。

本实验约需 4～6 h。

五、附注

[1] 由于水在乙醚中有一定的溶解度，因此，第一次可适当多加些 5％ HCl。

[2] 酸的水溶液总是会溶解部分苯甲酸和萘，故用乙醚萃取酸液。如省去此步，则损失少量的苯甲酸和萘。

六、思考题

1. 用分液漏斗萃取时，为什么要放气？

2. 用分液漏斗分离两相液体时，应如何分离？为什么？

实验十二

柱　色　谱

一、实验目的

1. 学习柱色谱技术的原理和应用。
2. 掌握柱色谱分离技术和操作。

二、基本原理

柱色谱有吸附色谱和分配色谱两种。实验室中最常用的是吸附色谱，其原理是利用混合物中各组分在固定相上的吸附能力和流动相的解吸能力不同，使混合物随流动相流过固定相，发生了反复多次的吸附和解吸过程，从而使混合物分离成两种或多种单一的纯组分。

在用柱色谱分离混合物时，将已溶解的样品加入已装好的色谱柱顶端，吸附在固定相（吸附剂）上，然后用洗脱剂（流动相）进行淋洗，流动相带着混合物的组分下移。样品中各组分在吸附剂上的吸附能力不同，一般来说，极性大的吸附能力强，极性小的吸附能力相对弱一些。且各组分在洗脱剂中的溶解度也不一样，被解吸的能力也就不同。非极性组分由于在固定相中吸附能力弱，首先被解吸出来，被解吸出来的非极性组分随着流动相向下移动与新的吸附剂接触再次被固定相吸附。随着洗脱剂向下流动，被吸附的非极性组分再次与新的洗脱剂接触，并再次被解吸出来随着流动相向下流动。而极性组分由于吸附能力强，因此不易被解吸出来，随着流动相移动的速度比非极性组分要慢得多（或根本不移动）。这样经过反复的吸附和解吸后，各组分在色谱柱上形成了一段一段的层带，若是有色物质，可以看到不同的色带，随着洗脱过程的进行从柱底端流出。每一色带代表一个组分，分别收集不同的色带，再将洗脱剂蒸发，就可以获得单一的纯净物质。

（1）吸附剂的选择

选择合适的吸附剂作为固定相对于柱色谱来说是非常重要的。常用的吸附剂有硅胶、氧化铝、氧化镁、碳酸钙和活性炭等。实验室一般用氧化铝或硅胶，在这两种吸附剂中氧化铝的极性更大一些，它是一种高活性和强吸附的极性物质。通常市售的氧化铝分为中性、酸性和碱性三种。酸性氧化铝适用于分离酸性有机物质；碱性氧化铝适用于分离碱性有机物质，如生物碱和烃类化合物；中性氧化铝应用最为广泛，适用于中性物质的分离，如醛、酮、酯、醌类等有机物质。市售的硅胶略带酸性。

由于样品是吸附在吸附剂表面的，因此颗粒大小均匀、比表面积大的吸附剂分离效率最佳。比表面积越大，组分在固定相和流动相之间达到平衡就越快，色带就越窄。通常使用的吸附剂颗粒大小以 100 目至 150 目为宜。

吸附剂的活性还取决于吸附剂的含水量，含水量越高，活性越低，吸附剂的吸附能力就越弱；反之则吸附能力强。吸附剂的含水量和活性等级关系如表 2-5 所示。

表 2-5　吸附剂的含水量和活性等级关系　　　　　　　　　　单位:%

活性等级	I	II	III	IV	V
氧化铝含水量	0	3	6	10	15
硅胶含水量	0	5	15	25	38

一般常用的是 II 和 III 级吸附剂，I 级吸附性太强，而且易吸水，V 级吸附性太弱。

（2）洗脱剂的选择

在柱色谱分离中，洗脱剂的选择也是一个重要的因素。一般洗脱剂的选择是通过薄层色谱实验来确定的。具体方法：先用少量溶解好（或提取出来）的样品，在已制备好的薄层板上点样（具体方法见实验十四薄层色谱），用少量展开剂展开，观察各组分点在薄层板上的位置，并计算 R_f 值。能将样品中各组分完全分开的展开剂，即可作为柱色谱的洗脱剂。有时，单纯一种展开剂达不到所要求的分离效果，可考虑选用混合展开剂。

选择洗脱剂的另一个原则是：洗脱剂的极性不能大于样品中各组分的极性，否则由于洗脱剂在固定相上被吸附，会迫使样品一直保留在流动相中。在这种情况下，组分在柱中移动得非常快，很少有机会建立起分离所要达到的化学平衡，影响分离效果。

不同的洗脱剂使给定的样品沿着固定相的相对移动能力，称为洗脱能力。在硅胶和氧化铝柱上，洗脱能力按以下顺序排列：

石油醚　己烷　环己烷　甲苯　二氯甲烷　氯仿　乙醚　乙酸乙酯　丙酮　1-丙醇　乙醇　甲醇　水
$$\overrightarrow{\text{洗脱能力提高}}$$

三、仪器与试剂

1. 仪器：柱色谱装置。

色谱柱是一根下端具塞的玻璃管，如图 2-24 所示。柱高和直径比应为 8:1。在柱底部塞脱脂棉，上盖石英砂，中间是固定相，最上层再铺一层石英砂。

2. 试剂：偶氮苯、荧光黄、乙醇、中性氧化铝、石英砂。

四、实验步骤

1. 操作方法

（1）装柱

装柱前应先将色谱柱洗干净，进行干燥。在柱底铺一小块脱脂棉，再铺约 0.5 cm 厚的石英砂，然后进行装柱。装柱分为湿法装柱和干法装柱两种，下面分别加以介绍。

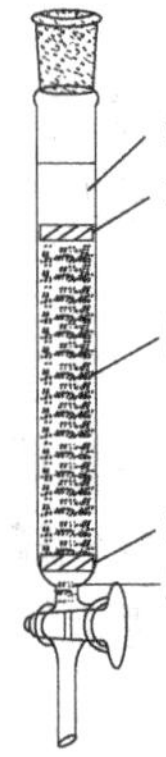

① 湿法装柱：将吸附剂（氧化铝或硅胶）用洗脱剂中极性最低的洗脱剂调成糊状，在柱内先加入约 3/4 柱高的洗脱剂，再将调好的吸附剂边敲边倒入柱中，同时，打开下旋活塞，在色谱柱下面放一个干净并且干燥的锥形瓶或烧杯，接收洗脱剂。当装入的吸附剂有一定高度时，洗脱剂下流速度变慢，待所用吸附剂全部装完后，用流下来的洗脱剂转移残留的吸附剂，并将柱内壁残留的吸附剂淋洗下来。在此过程中，应不断敲打色谱柱，以使色谱柱填充均匀并没有气泡。柱子填充完后，在吸附剂上端覆盖一层约 0.5 cm 厚的石英砂。覆盖石英砂的目的是：a. 使样品均匀地流入吸附剂表面；b. 当加入洗脱剂时，它可以防止吸附剂表面被破坏。在整个装柱过程中，

图 2-24　柱色谱装置图

柱内洗脱剂的高度始终不能低于吸附剂最上端，否则柱内会出现裂痕和气泡。

② 干法装柱：在色谱柱上端放一个干燥的漏斗，将吸附剂倒入漏斗中，使其成为一细流连续不断地装入柱中，并轻轻敲打色谱柱柱身，使其填充均匀，再加入洗脱剂湿润。也可以先加入 3/4 的洗脱剂，然后再倒入干的吸附剂。

（2）样品的加入及色谱带的展开

液体样品可直接加入色谱柱中，如浓度低可浓缩后再行上柱。固体样品应先用最少量的溶剂溶解后再加入色谱柱中。在加入样品时，应先将柱内洗脱剂排至稍低于石英砂表面后停止排液，用滴管沿柱内壁把样品一次加完。在加入样品时，应注意滴管尽量向下靠近石英砂表面。样品加完后，打开下旋活塞，液体样品进入石英砂层后，再加入少量的洗脱剂将壁上的样品洗下来，待这部分液体进入石英砂层后，再加入洗脱剂进行淋洗，直至所有色带被展开。

2. 偶氮苯与荧光黄的分离

① 干法装柱：用 25 mL 酸式滴定管作色谱柱。取少许脱脂棉放于干净的色谱柱底，关闭活塞。向柱中加入 10 mL 95％乙醇，打开活塞，控制流速为 1～2 滴/s。此时从柱上端通入一长颈漏斗，慢慢加入 5 g 色谱用的中性氧化铝，用橡皮塞或手指轻轻敲打柱身下部，使填装紧密[1]，再在上面加一层 0.5 cm 厚的石英砂[2]。整个过程中一直保持流速不变，并注意保持液面始终高于吸附剂氧化铝[3]。

② 上样：当洗脱剂液面刚好流至石英砂面时，立即沿柱壁加入已配好的含有 1 mg 偶氮苯与 1 mg 荧光黄的 95％乙醇溶液，开至最大流速。当加入的溶液流至石英砂时，立即用 0.5 mL 95％乙醇洗下管壁的有色物质，如此 2～3 次，直至洗净为止。

③ 展开与色带收集：加入 10 mL 95％乙醇进行洗脱。偶氮苯首先向柱下移动，荧光黄则留在柱上端，当第一个色带快流出来时，更换另一个接收瓶，继续洗脱。当洗脱液快流完时，应补加适量的 95％乙醇[4]。当第一个色带快流完时，不要再补加 95％乙醇，等到乙醇流至吸附剂液面时，轻轻沿壁加入 1 mL 水，然后加满。取下此接收瓶进行蒸馏，回收乙醇。更换另一个接收瓶接收第二个色带，直至无色为止。这样两种组分就被分开了。

五、附注

[1] 色谱柱填装松紧与否对分离效果很有影响，若松紧不均，特别是有断层时，影响流速和色带的均匀，但如果装时过分敲击，又使流速太慢。

[2] 也可不加石英砂，但加液时要沿壁慢慢地加，以避免将氧化铝溅起。

[3] 若吸附剂高于液面，应立即补加洗脱液。

[4] 补加乙醇量每次 3～5 mL。

六、思考题

1. 为什么必须保证所装柱没有空气泡？

2. 柱色谱所选择的洗脱剂为什么要先用非极性或弱极性的，然后再使用较强极性的洗脱剂洗脱？

实验十三

纸 色 谱

一、实验目的

1. 学习纸色谱的原理与方法。
2. 掌握纸色谱操作方法。

二、实验原理

纸色谱主要用于分离和鉴定有机物中多官能团或高极性化合物如糖、氨基酸等的分离。它属于分配色谱的一种。它的分离作用不是靠滤纸的吸附作用，而是以滤纸作为惰性载体，以吸附在滤纸上的水或有机溶剂作为固定相，流动相是被水饱和过的有机溶剂或水（展开剂）。利用样品中各组分在两相中分配系数的不同达到分离的目的。

它的优点是操作简单，价格便宜，所得到的色谱图可以长期保存。缺点是展开时间较长，因为在展开过程中，溶剂的上升速度随着高度的增加而减慢。

三、仪器与试剂

1. 仪器：纸色谱装置。

图 2-25 给出了几种不同的纸色谱装置，此装置是由展开缸、橡皮塞、钩子组成的。钩子被固定在橡皮塞上，展开时将滤纸挂在钩子上。

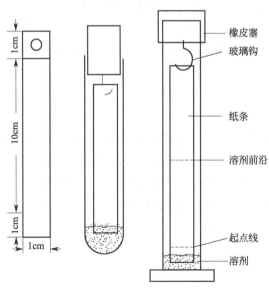

图 2-25　纸色谱装置

2. 试剂：墨水、正丁醇、乙醇。

四、实验步骤

1. 操作方法

纸色谱操作过程与薄层色谱一样，所不同的是薄层色谱需要吸附剂作为固定相，而纸色谱只用一张滤纸，或在滤纸上吸附相应的溶剂作为固定相。在操作和选择滤纸、固定相、展开剂过程中应注意以下几点：

① 所选用滤纸的薄厚应均匀、无折痕，滤纸纤维松紧适宜。通常做定性实验时，可采用国产 1 号展开滤纸，滤纸大小可自行选择，一般为 3 cm×20 cm、5 cm×30 cm、8 cm×50 cm 等。

② 在展开过程中，将滤纸挂在展开缸内，展开剂液面高度不能超过样品点的高度。

③ 流动相（展开剂）与固定相的选择，根据被分离物质性质而定。一般规律如下：

a. 对于易溶于水的化合物，可直接以吸附在滤纸上的水作为固定相（即直接用滤纸），以能与水混溶的有机溶剂作为流动相，如低级醇类。

b. 对于难溶于水的极性化合物，应选择油性极性溶剂作为固定相，如甲酰胺、N,N-二甲基甲酰胺等；以不能与固定相相混合的非极性溶剂作为流动相，如环己烷、苯、四氯化碳、氯仿等。

c. 对于不溶于水的非极性化合物，应以非极性溶剂作为固定相，如液体石蜡等；以极性溶剂作为流动相，如水、含水的乙醇、含水的酸等。

当一种溶剂不能将样品全部展开时，可选择混合溶剂。常用的混合溶剂：正丁醇-水，一般用饱和的正丁醇；正丁醇-醋酸-水，可按 4∶1∶5 的比例配制，混合均匀，充分振荡，放置分层后，取出上层溶液作为展开剂。

2. 实验内容

按上述方法，以水作为展开剂，做墨水（黑墨水或蓝墨水）组分分离，计算每一染料点的 R_f 值。本实验约需 2 h。

五、思考题

1. 手拿滤纸时，应注意什么？为什么？
2. 色谱缸为什么要密闭？
3. 纸色谱的展开剂中，为什么要含有一定比例的水？

实验十四

薄 层 色 谱

一、实验目的

1. 学习薄层色谱的原理与应用。
2. 掌握薄层色谱的操作技术。

二、实验原理

薄层色谱（thin layer chromatography，TLC）是另外一种固-液吸附色谱的形式，与柱色谱原理和分离过程相似，吸附剂的性质和洗脱剂的相对洗脱能力，在色谱柱中适用的同样适用于 TLC 中。与柱色谱不同的是，TLC 中的流动相沿着薄层板上的吸附剂向上移动，而柱色谱中的流动相则沿着吸附剂向下移动。另外，薄层色谱最大的优点是：需要的样品少、展开速度快、分离效率高。TLC 常用于有机物的鉴定和分离，如通过与已知结构的化合物相比较，可鉴定有机混合物的组成。在有机化学反应中可以利用薄层色谱对反应进行跟踪。在柱色谱分离中，经常利用薄层色谱来确定其分离条件和监控分离的过程。薄层色谱不仅可以分离少量样品（几微克），而且可以分离较大量的样品（可达 500 mg），特别适用于挥发性较低或在高温下易发生变化而不能用气相色谱进行分离的化合物。

TLC 中所用的吸附剂颗粒比柱色谱中用的要小得多，一般为 260 目以上。当颗粒太大时，表面积小，吸附量少，样品随展开剂移动速度快，斑点扩散较大，分离效果不好；当颗粒太小时，样品随展开剂移动速度慢，斑点不集中，效果也不好。

薄层色谱所用硅胶的情况是：硅胶 H 不含黏合剂；硅胶 G（gypsum 的缩写）含黏合剂（煅石膏）；硅胶 GF254 含有黏合剂和荧光剂，可在波长 254nm 紫外光下发出荧光；硅胶 HF254 只含荧光剂。同样，氧化铝也分为氧化铝 G、氧化铝 GF254 及氧化铝 HF254。氧化铝的极性比硅胶大，易用于分离极性小的化合物。

黏合剂除煅石膏外，还可用淀粉、聚乙烯醇和羧甲基纤维素钠（CMC）。使用时，一般配成质量分数为百分之几的水溶液。如羧甲基纤维素钠的质量分数一般为 0.5％～1％，最好是 0.7％。淀粉的质量分数为 5％。加黏合剂的薄层板称为硬板，不加黏合剂的薄层板称为软板。现在已有很多牌号的硅胶板出售。

三、仪器与试剂

1. 仪器：电恒温鼓风干燥箱、薄板、展开缸、毛细管等。
2. 试剂：正己烷、乙酸乙酯、甲氧基偶氮苯、苏丹红、氧化铝。

四、实验步骤

1. 操作方法

（1）薄层板的制备

薄层板的制备方法有两种，一种是干法制板，另一种是湿法制板。干法制板常用氧化铝作吸附剂，将氧化铝倒在玻璃上，取直径均匀的一根玻璃棒，将两端用胶布缠好，在玻璃板上滚压，把吸附剂均匀地铺在玻璃板上。这种方法操作简便，展开快，但是样品展开点易扩散，制成的薄层板不易保存。

实验室最常用湿法制板。取 2 g 硅胶 G，加入 5～7 mL 0.7％的羧甲基纤维素钠水溶液，调成糊状。将糊状硅胶均匀地倒在三块载玻片上，先用玻璃棒铺平，然后用手轻轻震动至平。大量铺板或铺较大板时，也可使用涂布器。

薄层板制备的好与坏直接影响色谱分离的效果，在制备过程中应注意以下几点：

① 铺板时，尽可能将吸附剂铺均匀，不能有气泡或颗粒等。

② 铺板时，吸附剂的厚度不能太厚也不能太薄，如果太厚，展开时会出现拖尾，如果太薄，样品分不开，一般厚度为 0.5～1 mm。

③ 湿板铺好后，应放在比较平的地方晾干，然后转移至试管架上慢慢地自然干燥，千万不要快速干燥，否则薄层板会出现裂痕。

（2）薄层板的活化

薄层板经过自然干燥后，再放入烘箱中活化，进一步除去水分。不同的吸附剂及配方，需要不同的活化条件。例如：硅胶一般在烘箱中逐渐升温，在 105～110 ℃下，加热 30 min；氧化铝在 200～220 ℃下烘干 4 h 可得到活性为 Ⅱ 级的薄层板，在 150～160 ℃下烘干 4 h 可得到活性 Ⅲ～Ⅳ 级的薄层板。当分离某些易吸附的化合物时，可不用活化。

（3）点样

将样品用易挥发溶剂配成 1％～5％ 的溶液。在距薄层板的一端 10 mm 处，用铅笔轻轻地画一条横线作为点样时的起点线，在距薄层板的另一端 5 mm 处，再画一条横线作为展开剂向上爬行的终点线（画线时不能将薄层板表面破坏）。

用内径小于 1 mm、干净并且干燥的毛细管吸取少量的样品，轻轻触及薄层板的起点线（即点样），然后立即抬起，待溶剂挥发后，再触及第二次。这样点 3～5 次即可，如果样品浓度低可多点几次。点好样品的薄层板待溶剂挥发后再放入展开缸中进行展开。

（4）展开

在此过程中，选择合适的展开剂是至关重要的。一般展开剂的选择与柱色谱中洗脱剂的选择类似，即极性化合物选择极性展开剂，非极性化合物选择非极性展开剂。当一种展开剂不能将样品分离时，可选用混合展开剂。混合展开剂的选择请参考色谱柱中洗脱剂的选择。常见溶剂在硅胶板上的展开能力一般与溶剂的极性呈正比。

戊烷　四氯化碳　苯　氯仿　二氯甲烷　乙醚　乙酸乙酯　丙酮　乙醇　甲醇

————————————————————————————————→
极性及展开能力增加

展开时，在展开缸中注入配好的展开剂，将薄层板点有样品的一端放入展开剂中（注意展开剂液面的高度应低于样品斑点），如图 2-26 所示。在展开过程中，样品斑点随着展开剂向上迁移，当展开剂前沿至薄层板上边的终点线时，立刻取出薄层板。将薄层板上分开的样品点用铅笔圈好，计算 R_f 值。

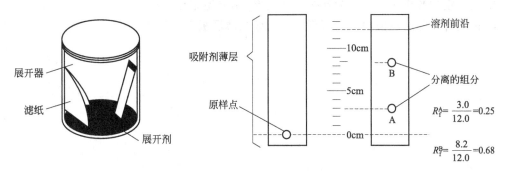

图 2-26　某组分 TLC 色谱展开过程及 R_f 值的计算

（5）比移值 R_f 的计算

某种化合物在薄层板上上升的高度与展开剂上升高度的比值称为该化合物的比移值，常用 R_f 来表示：

$$R_f = \frac{\text{样品中某组分移动离开原点的距离}}{\text{展开剂前沿距原点中心的距离}}$$

图 2-26 还给出了某化合物的展开过程及 R_f 值。对于一种化合物，当展开条件相同时，R_f 只是一个常数。因此可用 R_f 作为定性分析的依据。但是，由于影响 R_f 值的因素较多，如展开剂、吸附剂、薄层板的厚度、温度等均能影响 R_f 值，因此同一化合物 R_f 值与文献值会相差很大。在实验中我们常采用的方法是，在一块板上同时点一个已知物和一个未知物，进行展开，通过计算 R_f 值来确定是否为同一化合物。

（6）显色

样品展开后，如果本身带有颜色，可直接看到斑点的位置。但是，大多数有机物是无色的，因此就存在显色的问题。常用的显色方法有以下几种。

① 显色剂法：常用的显色剂有碘和三氯化铁水溶液等。许多有机化合物能与碘生成棕色或黄色的配合物。利用这一性质，在一密闭容器中（一般用展开缸即可）放几粒碘，将展开并干燥的薄层板放入其中，稍稍加热，让碘升华，当样品与碘蒸气反应后，薄层板上的样品点处即可显示出黄色或棕色斑点，取出薄层板用铅笔将点圈好即可。除饱和烃和卤代烃外，均可采用此方法。三氯化铁溶液可用于带有酚羟基化合物的显色。

② 紫外光显色法：用硅胶 GF254 制成的薄层板，由于加入了荧光剂，在 254 nm 波长的紫外灯下，可观察到暗色斑点，此斑点就是样品点。

以上这些显色方法在柱色谱和纸色谱中同样适用。

2. 实验内容

按上述方法，以正己烷-乙酸乙酯（体积比 9∶1）作为洗脱剂，在硅胶板上，做甲氧基偶氮苯与苏丹红的分离，并计算各自的 R_f 值（可用市售硅胶板）。

本实验约需 2 h。

五、思考题

1. 为什么展开剂的液面要低于样品斑点？如果液面高于斑点会出现什么后果？
2. 制备薄层板时，厚度对样品展开有什么影响？
3. 在一定的操作条件下，为什么可利用 R_f 值来鉴定化合物？
4. 在混合物薄层色谱中，如何判定各组分在薄层板上的位置？

第三章　有机化合物的性质实验

实验十五

卤代烃的化学性质

一、实验目的

1. 掌握卤代烃的主要化学性质。
2. 进一步加深理解卤代烃结构与反应活泼性的关系。

二、实验原理

亲核取代反应是卤代烃的主要化学性质。在卤代烃的亲核取代反应中，由于底物的组成和结构不同以及反应条件的差异和亲核试剂的强弱等因素，而使其反应历程分为单分子亲核取代反应（S_N1）和双分子亲核取代反应（S_N2）。由于反应历程不同，各类卤代烃的化学活性也不同。

在单分子亲核取代反应中，各类卤代烃的化学活性次序是：

$$叔卤代烃 > 仲卤代烃 > 伯卤代烃$$

在双分子亲核取代反应中，各种卤代烃的化学活性次序是：

$$伯卤代烃 > 仲卤代烃 > 叔卤代烃$$

另外还有两种化学活性次序：

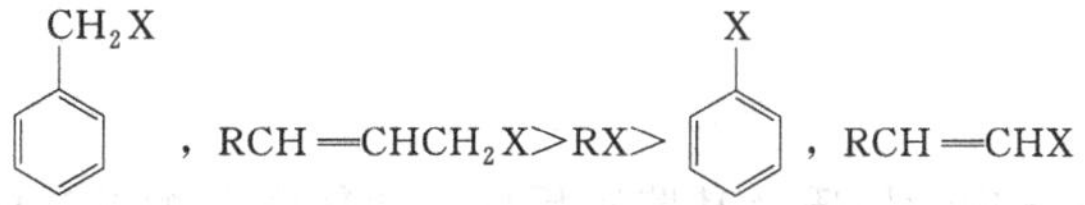

$$\underset{CH_2X}{\bigcirc}, RCH\!=\!CHCH_2X > RX > \underset{X}{\bigcirc}, RCH\!=\!CHX$$

$$RI > RBr > RCl$$

以卤代烃与硝酸银的乙醇溶液迅速反应为例，烯丙式卤代烃 $CH_2\!=\!CHCH_2X$ 与苄式卤代烃 $\bigcirc\!-\!CH_2X$ 均能在室温下与硝酸银的乙醇溶液迅速反应，生成卤化银沉淀：

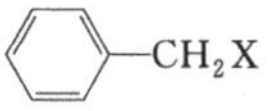

$$RX + AgONO_2 \longrightarrow RONO_2 + AgX\!\downarrow$$

叔卤代烃与硝酸银的反应也很快，伯卤代烃及仲卤代烃须在加热时才能生成沉淀，但烯式卤代烃 $CH_2\!=\!CHX$ 及苯式卤代烃 $\bigcirc\!-\!x$ 即使在加热时也不发生反应。这两类卤代烃也很难发生其他亲核取代反应。

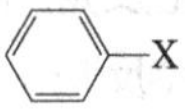

三、仪器与试剂

1. 仪器：恒温水浴锅、试管、胶头滴管等。
2. 试剂：1-氯丁烷、2-氯丁烷、叔丁基氯、氯苯、苄氯、硝酸银、乙醇、碘化钠、丙酮等。

四、实验步骤

1. 卤代烃与硝酸银乙醇溶液的反应

取 5 支干燥洁净的试管，分别加 3 滴 1-氯丁烷、2-氯丁烷、叔丁基氯、氯苯和苄氯。然后，在每支试管里各加 1 mL 1％硝酸银乙醇溶液，边加边摇动试管，注意每支试管里是否有沉淀出现，记下出现沉淀的时间。大约 5 min 后，再把没有出现沉淀的试管放在水浴里加热至微沸，要注意观察这些试管里有没有沉淀出现，并记下出现沉淀的时间。

2. 卤代烃与碘化钠丙酮溶液的反应

取 5 支干燥洁净的试管，分别加 3 滴 1-氯丁烷、2-氯丁烷、叔丁基氯、氯苯和苄氯。然后，在每支试管中各加 1 mL 15％碘化钠丙酮溶液，边加边摇动试管，同时注意观察每支试管里的变化，记下产生沉淀的时间，大约过 5 min 后，再把没有出现沉淀的试管放在 50 ℃ 水浴里加热（注意：水浴温度不要超过 50 ℃，以免影响实验结果）。加热 6 min 后，将试管取出并冷却到室温。从加热到冷却都要注意观察试管里的变化，并记下产生沉淀的时间。

五、思考题

1. 卤代烃的亲核取代反应的影响因素有哪些？
2. 从物质结构和反应历程的角度对实验现象做出解释。

实验十六

醇、酚、醚的化学性质

一、实验目的

1. 熟悉醇、酚的主要化学性质及其鉴别反应，比较醇和酚的异同。
2. 掌握醚中过氧化物的检验方法。

二、实验原理

醇和酚都具有羟基官能团，但由于其相连的烃基不同，性质上有很大的差异。醇羟基结构与水相似，可发生取代反应、失水反应和氧化反应等。多元醇还有其特殊反应。酚羟基呈弱酸性，极易被氧化，芳环上容易发生亲电取代反应。醚是醇或酚与另一分子的醇或酚脱水缩合而成的，在通常条件下表现为化学性质的不活泼性。

三、仪器与试剂

1. 仪器：恒温水浴锅、试管、玻璃棒、pH 试纸等。
2. 试剂：无水乙醇、正丁醇、仲丁醇、叔丁醇、金属钠、酚酞、卢卡斯（Lucas）试剂、浓硫酸、浓硝酸、重铬酸钾、硫酸铜、氢氧化钠、乙二醇、1,3-丙二醇、甘油、甘露醇、高碘酸-硝酸银试剂、二氧化碳、苯酚、溴水、碘化钾、苯、浓盐酸、对甲苯酚、α-萘酚、高锰酸钾、三氯化铁、硫酸亚铁铵、硫氰化钾、乙醚等。

四、实验步骤

（一）醇的性质

1. 醇钠的生成

取两支干燥的试管，分别加入 1 mL 无水乙醇和正丁醇，然后将表面新鲜的一小粒金属钠投入试管中，观察现象（有什么气体放出？如何检验？）。待钠完全消失后[1]，向试管中加入 2 mL 水，滴入酚酞指示剂，有何现象？

2. 与 Lucas 试剂的反应

在三支干燥的试管中分别加入 0.5 mL 正丁醇、仲丁醇、叔丁醇，再立即加入 1 mL Lucas 试剂[2]，用软木塞塞住管口，振荡后静置，温度最好保持在 26～27 ℃，观察其变化，注意 5 min 及 1 h 后混合物有何变化，记下混合物出现浑浊和出现分层的时间。

3. 醇的氧化[3]

在三支试管中各加入 1 mL 5％重铬酸钾溶液和 1 滴浓硫酸溶液，摇匀，再分别加入 3～4 滴正丁醇、仲丁醇、叔丁醇。振荡后在水浴中微热，观察试管中颜色的变化，写出化学反应方程式。

4. 多元醇的反应

（1）和氢氧化铜的反应

在四支试管中各加入 3 滴 5％硫酸铜溶液和 6 滴 5％氢氧化钠溶液，观察实验现象，然后分别加入 5 滴 10％乙二醇、1,3-丙二醇、甘油和甘露醇水溶液，摇动试管，观察现象，最后在每支试管中各加入 1 滴浓盐酸，观察混合液的颜色变化并思考原因。

（2）和高碘酸-硝酸银试剂[4] 的反应

在四支小试管中（也可以在黑色点滴板上做此试验）分别加入 1 滴 10％乙二醇、1,3-丙二醇、甘油和甘露醇水溶液。然后在每支试管中加 1 滴高碘酸-硝酸银试剂，注意观察每支试管中的变化。

（二）酚的性质

1. 苯酚的酸性

取 0.5 g 苯酚放入试管中，加水 5 mL，振荡后用玻璃棒蘸取 1 滴试液，用广泛 pH 试纸检验其酸性。

将上述苯酚水溶液一分为二，一份作为空白对照，在另一份中逐滴加入 10％氢氧化钠溶液，并随之振荡至溶液呈清亮为止。在此清亮溶液内，通入二氧化碳至呈酸性，观察实验现象，写出化学反应方程式。

2. 苯酚与溴水的反应

在试管中加入 2 滴饱和的苯酚水溶液，用水稀释至 2 mL，逐滴加入饱和的溴水，当溶液中开始出现淡黄色时，停止滴加，然后将混合物煮沸 1～2 min，以除去过量的溴，冷却后即有沉淀析出。在此混合物中加入 1％碘化钾溶液数滴及 1 mL 苯，用力振荡，沉淀溶于苯，析出的碘使苯层呈紫色[5]。

3. 苯酚的硝化

在试管中加入 0.5 g 苯酚，滴加 1 mL 浓硫酸，摇匀，在沸水中加热 5 min，并不断振荡使磺化完全[6]。冷却后加水 3 mL，小心地逐滴加入 2 mL 浓硝酸，不断振荡，然后，再在沸水浴中加热至溶液呈黄色为止，取出试管，冷却，观察有无沉淀析出。

4. 苯酚的氧化

取饱和的苯酚水溶液 1 mL 置于试管中，加入 1 滴浓硫酸，摇匀后再加入 0.1％高锰酸钾溶液 0.5 mL，振荡，观察现象。

5. 苯酚与三氯化铁的颜色反应

在三支试管中分别加入 0.1 g 苯酚、对甲苯酚、α-萘酚，然后加水 1 mL，用力振荡，再加入 1 滴新配制的 1％三氯化铁溶液，观察现象。

（三）醚的性质

1. 锌盐的生成

在试管中加入 1 mL 浓硫酸，浸在冰中冷至 0 ℃，再慢慢地分次滴加乙醚约 0.5 mL，边加边振荡，观察现象。把试管内的液体小心地倒入 2 mL 冰水中，振摇，冷却，观察现象。

2. 过氧化物的检验

在试管中加入 1 mL 新配制的 2％硫酸亚铁铵，加入几滴 1％硫氰化钾溶液，然后加入 1 mL 工业用乙醚，用力振摇。若有过氧化物存在，溶液呈血红色。

本实验约需 4h。

五、附注

[1] 如有多余钠应取出处理，否则影响实验，而且不安全。

[2] Lucas 试剂的配制：将 34 g 熔化过的无水氯化锌溶于 23 mL 浓盐酸中，同时冷却，以防氯化氢逸出，约得 35 mL 溶液。放冷后，存于玻璃瓶中，塞好塞子备用。

[3] 伯醇首先被氧化成醛，然后被氧化成酸。仲醇被氧化成酮，叔醇不易被氧化，但在强烈氧化条件下，则发生碳链断裂，生成小分子化合物。

[4] 高碘酸-硝酸银试剂的配制：将 25 mL 12％的高碘酸钾与 2 mL 浓硝酸和 2 mL 10％的硝酸银溶液混合，摇匀。如有沉淀，过滤取透明液备用。

[5] 苯酚与溴水作用，生成微溶性的 2，4，6-三溴苯酚白色沉淀：

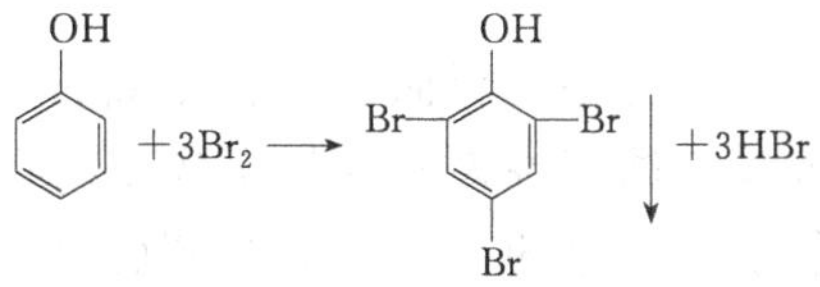

滴加过量的溴水，则白色沉淀转化为淡黄色的难溶于水的四溴化物：

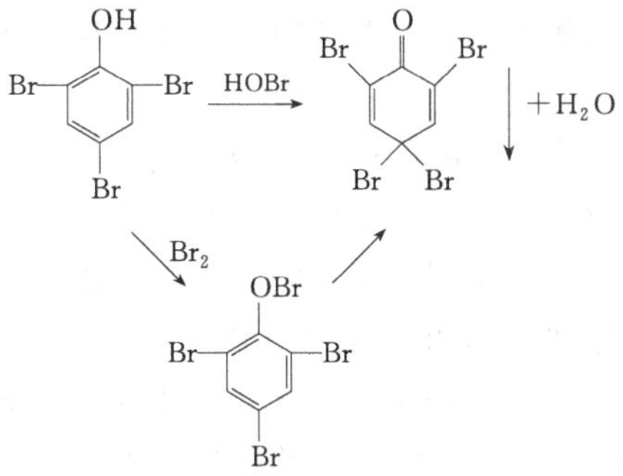

四溴化物易溶于苯，它能氧化氢碘酸，本身则又被还原成三溴苯酚：

$$KI+HBr \longrightarrow HI+KBr$$

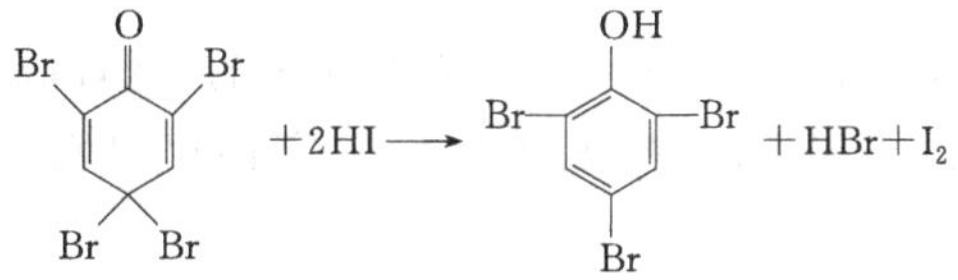

[6] 由于苯酚羟基的邻对位氢易被硝酸氧化，故在硝化前先进行磺化，利用磺酸基把邻对位保护起来，然后用硝基取代磺酸基，所以本实验的关键在于这一步磺化反应要完全。

六、思考题

1. 正丁醇、仲丁醇、叔丁醇和金属钠反应的难易程度如何？为什么？
2. 伯、仲、叔醇被氧化的难易程度如何？为什么？
3. 通过实验，你认为使 Lucas 试验现象明显的关键在哪里？

实验十七

醛、酮的化学性质

一、实验目的

1. 了解醛和酮的化学性质。
2. 掌握鉴别醛和酮的化学方法。

二、实验原理

醛和酮类化合物都具有羰基官能团，因而它们有相似的化学性质。它们能与 2,4-二硝基苯肼、羟胺、氨基脲、亚硫酸氢钠等许多试剂发生作用。结构不同的醛或酮与 2,4-二硝基苯肼反应可生成黄色、橙色或橙红色的 2,4-二硝基苯腙沉淀。因为该沉淀是具有一定熔点、颜色不同的晶体，所以该反应可以用于区别醛、酮。醛、脂肪族甲基酮和低级环酮（环内碳原子在 8 个以下）能与饱和亚硫酸氢钠溶液作用，生成不溶于饱和亚硫酸氢钠溶液的加成物，加成物能溶于水，当与稀酸或稀碱共热时又可得到原来的醛、酮，因此可用以区别和提纯醛、酮。

酮的羰基碳与两个烃基相连，而醛的羰基碳至少连有一个氢原子，结构上的差异使得醛和酮的化学性质有所不同。酮一般不易被氧化，只有在强氧化剂的作用下才被分解。而醛却比较容易被氧化，甚至可以被弱氧化剂氧化为酸。如醛可以还原托伦（Tollen）试剂，发生银镜反应，而酮无此反应。脂肪族醛可与斐林（Fehling）试剂反应，析出红色氧化亚铜沉淀，而酮却不能进行此反应。另外，醛还能使无色的席夫（Schiff）试剂显紫红色，除甲醛外，所有的醛与 Schiff 试剂的加成产物所显示的颜色在加硫酸后都消失。Tollen 试剂、Fehling 试剂和 Schiff 试剂常用于区别醛、酮。

碘仿反应是区别甲基酮等的简单易行的方法。乙醛和甲基酮及某些（具有 $CH_3\!-\!CH\!-\!$ 结 $\underset{\text{OH}}{|}$ 构）醇都能与次碘酸钠反应，生成亮黄色有特殊气味的碘仿沉淀。

本实验侧重于介绍醛和酮的亲核加成反应，定性区别醛和酮的反应以及 α-H 活泼性反应。

三、仪器与试剂

1. 仪器：恒温水浴锅、试管等。
2. 试剂：亚硫酸氢钠、乙醛、丙酮、苯甲醛、环己酮、碳酸钠、浓盐酸、2,4-二硝基苯肼、甲醛、浓氨水、浓硫酸、氢氧化钠、Tollen 试剂、Fehling 试剂（A）、Fehling 试剂（B）、Schiff 试剂、铬酸试剂、乙醇、碘化钾、碘等。

四、实验步骤

（一）亲核加成反应

1. 与亚硫酸氢钠的加成

取四支小试管，各加入 1 mL 饱和亚硫酸氢钠溶液[1]，再分别加入 3～4 滴乙醛、丙酮、苯甲醛、环己酮，用力摇匀，置冰水浴中冷却，观察有无沉淀析出，比较其析出的相对速度，并解释之。写出有关的化学反应方程式。

另取几支试管，分为两组。分别加少量上面反应后产生的晶体，写好相应的编号，再做下面实验：

① 在每支试管中各加 2 mL 10%碳酸钠溶液，用力振荡试管，放在不超过 50 ℃的水浴中加热，继续不断摇动试管，注意观察现象。

② 在每支试管中各加 2 mL 5%稀盐酸，进行如上操作，观察又有何现象。

2. 与 2,4-二硝基苯肼的加成

取四支小试管，各加入 1 mL 2,4-二硝基苯肼试剂[2]，再分别加入 2～3 滴乙醛、丙酮、苯甲醛、环己酮（可加入 2 滴乙醇以促溶解），振荡后静置片刻。若无沉淀析出可微热半分钟，再振荡，冷却后有橘黄色或橘红色沉淀[3] 生成。写出有关反应方程式。

3. 乌洛托品（Urotropine）的生成及分解[4]

取一洁净的蒸发皿，加入 2 mL 37％甲醛水溶液与等量的浓氨水，混合均匀。在通风橱内将混合液置沸水浴中加热蒸干，即得白色晶体状的乌洛托品粗制品。

取粗品少许，加到试管中，滴入 1 mL 5％稀硫酸，振荡试管并加热煮沸，并闻一闻气味。待溶液冷却后，滴入 20％氢氧化钠溶液，直至溶液呈碱性。煮沸，检验有无氨气放出，并说明原因。

（二）区别醛和酮的化学性质

1. Tollen 试验[5]

取三支洁净的试管，各加入 2 mL 自配的 Tollen 试剂，然后分别加入 3～4 滴 37％的甲醛水溶液、乙醛、丙酮。将试管放在 50 ℃左右的水浴中加热数分钟[6]，观察现象，写出有关的化学方程式。

2. Fehling 试验

取三支试管，分别加入 Fehling 试剂（A）和 Fehling 试剂（B）[7] 各 0.5 mL，混合均匀。然后分别加入 2～4 滴 37％甲醛水溶液、乙醛、苯甲醛、丙酮，在沸水浴中加热 3～5 min，观察现象并说明原因。

3. Schiff 试验[8]

取三支试管，分别加入 1 mL Schiff 试剂，然后各加入 2 滴 37％甲醛水溶液、乙醛、丙酮，放置数分钟，观察颜色变化。滴加 5％硫酸溶液，观察颜色变化。

4. 铬酸试验[9]

取三支试管，分别加入 1 mL 经过纯化的丙酮[10]，滴入 1～2 滴乙醛、苯甲醛、环己酮。振荡试管，然后滴入数滴铬酸试剂，边滴边振荡，注意试管里橘红色的变化情况。

（三）碘仿试验

取三支试管，各加入 2～3 滴碘溶液[11]，然后分别加入 2～3 滴乙醛、丙酮、乙醇，再滴入 10％的氢氧化钠溶液，振荡试管至碘的棕色近乎消失。若不出现沉淀，可在温水浴中加热 5 min，冷却后观察现象，比较结果。

本实验约需 4 h。

五、附注

[1] 饱和亚硫酸氢钠溶液的配制：首先配制 40％亚硫酸氢钠水溶液。取 100 mL 40％亚硫酸氢钠溶液，加 25 mL 不含醛的无水乙醇，将少量结晶过滤，得澄清溶液。此溶液易被

氧化或分解，配制好后密封放置，但不宜太久，最好是用时新配。

[2] 2,4-二硝基苯肼试剂的配制：在 15 mL 浓硫酸中，溶解 3 g 2,4-二硝基苯肼，另在 70 mL 95％乙醇中加入 20 mL 水。然后把硫酸苯肼倒入稀乙醇溶液中，混合均匀，必要时过滤备用。

[3] 沉淀的颜色与醛、酮分子的共轭键有关。醛、酮的分子中羰基不与其他结构或官能团形成共轭链时，将产生黄色的 2,4-二硝基苯腙；当羰基与双键或苯环形成共轭链时，生成橙红色沉淀。然而，试剂本身是橙红色的，因此，判断时要特别注意。

[4] 乌洛托品（六亚甲基四胺）由甲醛和氨缩合而成：

$$NH_3 + H_2C{=}O \rightleftharpoons \left[\begin{array}{c} OH \\ H_2C \\ NH_2 \end{array} \right] \xrightarrow{-H_2O} CH_2{=}NH$$

$$3CH_2{=}NH \rightleftharpoons \begin{array}{c} CH_2 \\ HN \quad NH \\ H_2C \quad CH_2 \\ N \\ H \end{array} \xrightarrow[NH_3]{3H_2C{=}O} \begin{array}{c} N \\ N \quad N \\ N \end{array} + 3H_2O$$

反应是可逆的，在蒸除水的条件下，反应趋于完成。当其与稀酸共热时即被分解：

$$(CH_2)_6N_4 + 2H_2SO_4 + 6H_2O \longrightarrow 6H_2C{=}O\uparrow + 2(NH_4)_2SO_4$$

[5] Tollen 试剂的配制：在洁净的试管中加入 4 mL 5％硝酸银溶液、2 滴 5％氢氧化钠溶液，再慢慢滴加 2％的氨水，边加边振荡，直至生成的沉淀刚好溶解为止，即得 Tollen 试剂。

[6] Tollen 试验成败与试管是否洁净有关。若试管不洁净，易出现黑色絮状沉淀。解决的办法是实验前将试管依次用硝酸、水和 10％氢氧化钠溶液洗涤，再用大量水冲洗。实验过程中，加热不宜太久，更不能在火焰上直接加热，否则试剂会受热分解成易爆炸的物质。

[7] Fehling 试剂的配制分为 Fehling 试剂（A）和 Fehling 试剂（B）的配制。Fehling 试剂（A）：溶解 34.6 g 五水合硫酸铜（$CuSO_4 \cdot 5H_2O$）于 500 mL 水中，必要时过滤。Fehling 试剂（B）：将 173 g 酒石酸钾钠、70 g 氢氧化钠溶于 500 mL 水中。两种试液要分别保存，使用时取等量混合。其中酒石酸钾钠的作用是与氢氧化铜形成配合物，避免析出氢氧化铜沉淀；另一方面也可使醛与铜离子平稳地进行反应。

[8] Schiff 试剂的配制：将 0.2 g 品红盐酸盐溶于 100 mL 热的蒸馏水中，冷却后，加入 2 g 亚硫酸氢钠和 2 mL 浓盐酸，再用蒸馏水稀释至 200 mL。Schiff 试剂与醛作用后呈现紫红色。反应过程中不能加热，且必须在弱酸性溶液中进行，否则无色 Schiff 试剂分解后呈现桃红色。

[9] 铬酸试剂的配制：将 20 g 三氧化铬（CrO_3）加到 20 mL 浓硫酸中，搅拌成均匀糊状。然后，将糊状物小心地倒入 60 mL 蒸馏水中，搅拌成橘红色澄清溶液。

铬酸试验是区别醛、酮的较好方法（醇也呈阳性反应）。脂肪醛、伯醇、仲醇遇铬酸试剂 5 s 内呈阳性反应，芳香醛需 30～90 s，叔醇和酮数分钟内都无明显变化。

[10] 市售丙酮常含有醛或醇，醛或醇的存在会影响铬酸试验。为此必须做如下处理：将 100 mL 丙酮加到分液漏斗中，加入 10％硝酸银溶液 4 mL 及 10％氢氧化钠溶液 3.6 mL，振摇 10min。蒸馏收集 55～56.5 ℃馏分，即得纯化丙酮。

［11］碘溶液的配制：将 25 g 碘化钾溶于 100 mL 蒸馏水中，再加入 12.5 g 碘，搅拌使碘溶解。

六、思考题

1. 在做与亚硫酸氢钠的加成反应实验时，为什么亚硫酸氢钠溶液要用饱和溶液？为什么要用新配制的溶液？

2. 有一位同学做了两次 Tollen 试验。实验时，既没有按操作进行，也没有做好记录。结果两次实验的现象是：①所有试样的反应都很难有银镜生成；②丙酮也出现了银镜，而丙酮是化学纯的。分析一下产生这些现象的原因。

3. 总结醛、酮的鉴别方法并加以比较。

实验十八

糖类化合物的化学性质

一、实验目的

1. 验证和巩固糖类化合物的主要化学性质。
2. 熟悉糖类化合物的某些鉴定方法。

二、实验原理

糖类化合物是指多羟基醛和多羟基酮以及它们的缩合物，通常分为单糖（如葡萄糖、果糖）、二糖（如蔗糖、麦芽糖）和多糖（如淀粉、纤维素）。糖类化合物的鉴定反应是莫立许（Molish）反应。

单糖都具有还原性，能还原 Fehling 试剂和 Tollen 试剂，并能与过量苯肼生成脎。糖脎有良好的晶形和一定的熔点，根据糖脎的晶形和不同的熔点可鉴别不同的糖。葡萄糖和果糖与过量的苯肼能生成相同的脎，但反应速率不同，利用成脎的时间不同可区别之。

二糖由于结构不同，有的具有还原性（如麦芽糖、纤维二糖、乳糖等），分子中还有一个半缩醛羟基，能与 Fehling 试剂和 Tollen 试剂等反应，并能成脎。非还原性糖（如蔗糖），分子中没有半缩醛羟基，所以没有还原性，也不能成脎。

淀粉和纤维素都是葡萄糖的高聚体。淀粉是 α-D-葡萄糖以 α-苷键连接而成的，纤维素是由 β-D-葡萄糖以 β-苷键连接而成的。它们没有还原性，但水解后的产物具有还原性。淀粉遇碘变蓝色，在酸作用下水解生成葡萄糖。

三、试剂与仪器

1. 仪器：恒温水浴锅、试管、烧杯等。
2. 试剂：葡萄糖、果糖、麦芽糖、蔗糖、淀粉、浓硫酸、α-萘酚试剂、Fehling 试剂（A）、Fehling 试剂（B）、Tollen 试剂、硝酸银、苯肼试剂、碘、浓盐酸等。

四、实验步骤

1. Molish 试验（与α-萘酚的反应）[1]

取五支试管，编号后分别加入 1 mL 2% 的葡萄糖、果糖、麦芽糖、蔗糖和 1% 淀粉溶液，再分别滴加 4 滴新配制的 α-萘酚试剂[2]，混合均匀，将试管倾斜 45°，沿管壁慢慢加入 1 mL 浓硫酸，切勿摇动，然后小心竖起试管，硫酸和糖液之间明显分为两层，静置 10～15 min，观察两层之间有无紫色环出现。若无紫色环，可将试管在热水浴中温热 3～5 min，再观察现象。

2. 氧化反应（糖的还原性试验）

（1）Fehling 试验

取五支试管，在每支试管中各加 0.5 mL Fehling 试剂（A）和 Fehling 试剂（B）[3]，混合均匀。在水浴中微热后，再分别加入 0.5 mL 2% 葡萄糖、果糖、麦芽糖、蔗糖和 1% 淀粉溶液，振荡，再用水浴加热，观察颜色的变化及沉淀的生成。

（2）Tollen 试验

取四支洁净试管，各加入 1 mL Tollen 试剂（取一支洁净的大试管，加 3 mL 2% 硝酸银溶液，再加 2～3 滴 5% 氢氧化钠溶液，在振荡下滴加稀氨水，直至沉淀刚好溶解为止，即得 Tollen 试剂），再各加入 0.5 mL 2% 葡萄糖、果糖、麦芽糖、蔗糖和 1% 淀粉溶液，在 50 ℃ 水浴中温热，观察有无银镜生成。

3. 成脎反应[4]

取四支试管，各加入 1 mL 2% 葡萄糖、果糖、麦芽糖和蔗糖溶液[5]，再加入 0.5 mL 苯肼试剂[6]，在沸水浴中加热并不断振摇。比较各试管中成脎的速度和糖脎的颜色。注意，有的冷却后才析出黄色针状结晶。取各种糖脎少许，在显微镜下观察糖脎的晶形。

4. 淀粉的性质

（1）淀粉与碘的作用[7]

取一支试管，加入 0.5 mL 1% 淀粉溶液，再加 1 滴 0.1% 碘液，观察溶液是否呈现蓝色。将试管在沸水浴中加热 5～10 min，观察有何变化，放置冷却，观察又有何变化。

（2）淀粉的水解[8]

在 100 mL 小烧杯中加入 30 mL 1% 可溶性淀粉，再加 0.5 mL 浓盐酸，在水浴中加热，每隔 5 min 取少量反应液做碘试验，直至不再与碘反应为止。用 5% 氢氧化钠溶液中和至中性，做 Fehling 试验。观察有何现象，并解释之。

本实验约需 4 h。

五、附注

[1] 糖类化合物与浓硫酸作用生成糠醛及其衍生物（如羟甲基糠醛等），糠醛及其衍生物与 α-萘酚发生缩合作用，生成紫色的物质。

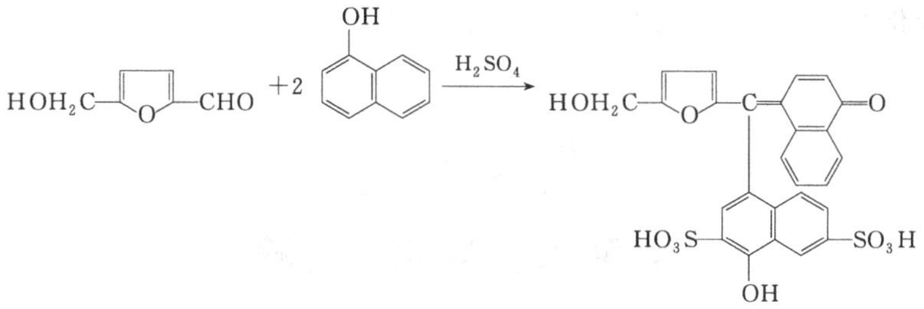

[2] α-萘酚试剂的配制

将 2 g α-萘酚溶于 20 mL 95％乙醇中，用 95％乙醇稀释至 100 mL，贮存在棕色瓶中。一般使用前才配。

[3] Fehling 试剂的配制

Fehling 试剂（A）：将 3.5 g 五水合硫酸铜溶于 100 mL 的水中得淡蓝色溶液。

Fehling 试剂（B）：将 17g 酒石酸钾钠溶于 20 mL 热水中，然后加入含有 5 g 氢氧化钠的 20 mL 水溶液中，再稀释至 100 mL，即得无色清亮溶液。两种溶液分别保存，使用时取等体积混合。

[4] 几种糖脎析出的时间、颜色、熔点和比旋光度如下：

糖的名称	析出糖脎所用时间/min	颜色	熔点/℃	比旋光度$[\alpha]_D^{20}$
果糖	2	深黄色针状结晶	204	−92
葡萄糖	4～5	深黄色针状结晶	204	+47.7
麦芽糖	冷后析出	黄色针状结晶	—	+129.0
蔗糖	—	—	—	—
半乳糖	15～19	橙黄色针状结晶	196	+80.2

[5] 蔗糖不与苯肼作用生成脎，但经长时间加热，可水解成葡萄糖和果糖，因而也有少量糖脎生成。

[6] 苯肼试剂有三种配制方法：

① 将 5 mL 苯肼溶于 50 mL 10％醋酸溶液中，加 0.5 g 活性炭。搅拌，过滤，将滤液保存在棕色瓶中备用。苯肼有毒，操作时应小心，勿触及皮肤，如不慎触及，应先用 5％醋酸冲洗后再用大量水冲洗。

② 称取 2 g 苯肼盐酸盐和 3 g 醋酸钠混合均匀，在研钵上研细。用时取 0.5 g 苯肼盐酸盐-醋酸钠混合物与糖液作用。

③ 取 0.5 mL 10％盐酸苯肼溶液和 0.5 mL 15％醋酸钠溶液加入 2 mL 的糖液中。

[7] 淀粉与碘的作用是一个复杂的过程，主要是碘分子和淀粉之间借助范德华力联系在一起，加热时不稳定而使蓝色消失，这是一个可逆过程，是淀粉的一种鉴定方法。

[8] 淀粉在酸性水溶液中受热分解，随着水解程度的增大，淀粉分解为较小的分子，生成糊精混合物。糊精的颗粒随着水解的继续进行而不断变小，它们与碘液的颜色反应也由蓝色经紫色、红棕色而变成黄色。淀粉水解为麦芽糖后，对碘液则不起显色反应，但对 Fehling 试剂、Tollen 试剂显示还原性。

六、思考题

1. 糖类化合物有哪些特性？为什么非还原性糖长时间加热也具有还原性？

2. 如何用化学方法区别葡萄糖、果糖、蔗糖和淀粉?

实验十九

胺和酰胺的化学性质

一、实验目的

1. 了解胺类和酰胺类化合物的化学性质及其鉴别方法。
2. 掌握脂肪胺和芳香胺化学性质的共同点和相异性。

二、实验原理

胺可以看成氨的衍生物,是具有碱性的有机化合物,碱性的强弱与和氮原子相连基团的电子效应及空间位阻有关。它们可以与酸作用生成盐。胺分为伯、仲、叔胺三种。伯胺、仲胺能与酸酐、酰氯发生酰基化反应,而叔胺的氮原子上没有氢原子,不发生酰基化反应。常常利用它们与苯磺酰氯在氢氧化钠溶液中的反应〔兴斯堡(Hinsberg)反应〕来区别和分离三种胺。

对于亚硝酸试验,脂肪族胺类与芳香族胺类有所不同。芳香伯胺生成的重氮化物能进一步发生偶合反应,脂肪族伯胺则不能。伯、仲、叔胺三种胺类与亚硝酸作用,生成的产物不同,故可用于鉴别反应。

芳胺,特别是苯胺,具有一些特殊的化学性质,除苯环上可以发生取代反应及氧化反应外,其重氮化反应具有重要的意义。

酰胺既可以看成羧酸的衍生物,又可以看成氨的衍生物,羰基与氮原子间的相互影响使其碱性变得极弱,故酰胺一般呈中性。它和羧酸的其他衍生物一样,可以发生水解等反应。

尿素是碳酸的二酰胺,可发生水解反应,还可以与亚硝酸反应放出氮气。尿素在加热时可生成缩二脲,与硫酸铜等发生缩二脲反应。

三、试剂与仪器

1. 仪器:恒温水浴锅、试管等。
2. 试剂:苯胺、浓盐酸、氢氧化钠、亚硝酸、亚硝酸钠、β-萘酚、N-甲基苯胺、N,N-二甲基苯胺、苯磺酰氯、溴水、重铬酸钾、浓硫酸、乙酰胺、尿素、氢氧化钡、硫酸铜、淀粉-碘化钾试纸、红色石蕊试纸等。

四、实验步骤

(一)胺的性质实验

1. 碱性试验

取一支试管,加入 2~3 滴苯胺和 1 mL 水,振荡,观察苯胺是否溶解。再加入 2~

3 滴浓盐酸，观察试管内的变化。最后逐滴加入 10％氢氧化钠溶液，观察现象[1] 并说明原因。

2. 与亚硝酸的反应

（1）伯胺的反应

取一支试管，加入 0.5 mL 苯胺、2 mL 浓盐酸和 3 mL 水，振荡试管并浸入冰水浴中冷却至 0～5 ℃[2]，然后逐滴加入 25％亚硝酸溶液，并不时振荡，直至混合液遇淀粉-碘化钾试纸呈深蓝色为止。此溶液即为重氮盐溶液。

取此溶液 1 mL，加热，观察实验现象，注意是否有苯酚的气味。

另取溶液 0.5 mL，滴入 2 滴 β-萘酚溶液[3]，观察有无橙红色沉淀生成。

（2）仲胺的反应

取一支试管，加入 5 滴 N-甲基苯胺、10 滴浓盐酸和 1mL 水，振荡试管，并浸入冰水浴中冷却至 0～5 ℃，然后逐滴加入 25％亚硝酸钠溶液，振荡，观察有无黄色油状物出现。

（3）叔胺的反应

取一支试管，加 5 滴 N,N-二甲基苯胺和 3 滴浓盐酸，混合后浸入冰水浴中冷却至 0～5 ℃，然后逐滴加入 25％亚硝酸钠溶液，振荡，观察现象。

3. 苯磺酰氯试验（Hinsberg 反应）

取三支试管，分别加入 3 滴苯胺、N-甲基苯胺、N,N-二甲基苯胺，再向各试管中加入 3 滴苯磺酰氯[4]，用力摇动试管，手触管底，哪支试管发热？然后加 5 mL 5％氢氧化钠溶液，塞住管口，并在水浴中温热至苯磺酰氯特殊气味消失为止[5]。按下列现象区别伯、仲、叔胺。

溶液中无沉淀析出，或有少量沉淀析出，过滤，滤液用盐酸酸化后有沉淀析出，则为伯胺。

溶液中析出油状物或沉淀，而此油状物或沉淀不溶于酸，则为仲胺。

溶液中有油状物，加数滴浓盐酸酸化后溶解，则为叔胺。

4. 苯胺与饱和溴水的反应

取一支试管，加 3 mL 水和 1 滴苯胺，振荡，然后逐滴加入饱和溴水，边加边振荡，注意观察现象[6]。

5. 苯胺的氧化[7]

取一支试管，加 3 mL 水和 1 滴苯胺，然后滴加 2 滴饱和重铬酸钾溶液和 0.5 mL 15％硫酸。振荡试管，静置 10 min，观察现象。

（二）酰胺的性质
1. 碱性水解

取一支试管，加入 0.2 g 乙酰胺，再加入 2 mL 10％氢氧化钠溶液，用湿的红色石蕊试纸检验放出的气体。

2. 酸性水解

取一支试管，加入 0.2 g 乙酰胺，再加入 1 mL 浓盐酸（在冷水冷却下加入）。注意此时试管里的变化。加沸石煮沸 1 min 后冷却至室温，观察溶液的变化。

（三）尿素（脲）的反应

1. 尿素的水解反应

取一支试管，加 1 mL 20％尿素水溶液和 2 mL 饱和氢氧化钡溶液，加热，在试管口放一条湿的红色石蕊试纸。观察加热时溶液的变化和石蕊试纸颜色的变化。放出的气体有何气味？

2. 尿素与亚硝酸的反应

取一支试管，加 1 mL 20％尿素水溶液和 0.5 mL 10％亚硝酸钠水溶液，混合均匀，然后逐滴加入 10％硫酸，观察现象。

3. 缩二脲反应[8]

在一支干燥小试管中，加入 0.3 g 尿素，将试管用小火加热至尿素熔融，此时有氨的气味放出（嗅其气味或用湿润的红色石蕊试纸在管口试之），继续加热，试管内的物质逐渐凝固[9]（此即缩二脲）。待试管放冷后，加热水 2 mL，并用玻璃棒搅拌。取上层清液于另一支试管中，在此缩二脲溶液中加入 1 滴 10％氢氧化钠溶液和 1 滴 1％硫酸铜溶液，观察颜色的变化。

本实验约需 4～5 h。

五、附注

[1] 苯胺难溶于水，但可与盐酸形成苯胺盐酸盐而溶解。加入氢氧化钠后，盐酸与之中和，破坏了苯胺盐酸盐，溶液又变浑浊。

[2] 重氮化反应在低温条件下进行是为了减慢亚硝酸和重氮盐的分解速度，温度升高，分解速度加快。

$$\text{C}_6\text{H}_5\text{N}_2^+\text{Cl}^- \xrightarrow[\triangle]{\text{H}_2\text{O}} \text{C}_6\text{H}_5\text{OH} + \text{N}_2 + \text{HCl}$$

[3] β-萘酚溶液的配制：将 10 g β-萘酚溶于 100 mL 5％的氢氧化钠溶液中。

[4] 苯磺酰氯可用 3 滴对甲基苯磺酰氯代替。Hinsberg 反应是鉴别伯、仲、叔胺的简单方法，有关反应式为：

$$\text{C}_6\text{H}_5-\text{SO}_2\text{Cl} + \text{RNH}_2 \longrightarrow \text{C}_6\text{H}_5-\text{SO}_2\text{NHR} + \text{HCl}$$

$$\text{C}_6\text{H}_5-\text{SO}_2\text{NHR} + \text{NaOH} \longrightarrow [\text{C}_6\text{H}_5-\text{SO}_2\text{NR}]^- \text{Na}^+ + \text{H}_2\text{O}$$

$$\text{C}_6\text{H}_5-\text{SO}_2\text{Cl} + \text{R}_2\text{NH} \longrightarrow \text{C}_6\text{H}_5-\text{SO}_2\text{NR}_2$$

产物不溶于碱。

$$\bigcirc\!\!\!-SO_2Cl \ +R_3N \qquad 不反应$$

［5］若苯磺酰氯水解不完全，与 N,N-二甲基苯胺混溶在一起，这时若加盐酸酸化，N,N-二甲基苯胺虽溶解，但苯磺酰氯仍以油状物存在，往往得出错误结论。为此，酸化前必须使苯磺酰氯水解完全。

［6］溴与过量苯胺反应形成 2,4,6-三溴苯胺白色沉淀。若加入过量的溴，则溴将产物氧化为较复杂的有色物。

［7］苯胺被重铬酸钾氧化的产物较为复杂，但最终被氧化为苯胺黑。

［8］缩二脲反应为：

$$H_2N-\overset{O}{\overset{\|}{C}}-NH_2 \ + \ HNH-\overset{O}{\overset{\|}{C}}-NH_2 \xrightarrow{150\sim160℃} H_2N-\overset{O}{\overset{\|}{C}}-NH-\overset{O}{\overset{\|}{C}}-NH_2 \ +NH_3\uparrow$$

生成的缩二脲在碱溶液中与稀硫酸铜溶液发生紫红色的颜色反应，此即缩二脲反应。

［9］开始是脲熔化，再受热，脲缩合为熔点较高的缩二脲，故成固体。

六、思考题

1. 重氮化反应为何要在强酸性溶液中进行？
2. 淀粉-碘化钾试纸为什么可以指示重氮化反应的终点？

实验二十

氨基酸和蛋白质的化学性质

一、实验目的

1. 加深理解氨基酸和蛋白质的主要化学性质。
2. 验证氨基酸和蛋白质的重要化学性质。

二、实验原理

自然界存在的氨基酸多为 α-氨基酸。它具有羧基（—COOH）和氨基（—NH$_3$），是两性化合物，具有等电点，并发生特殊的颜色反应。

蛋白质是生命的物质基础，是细胞的重要组分。它是由许多 α-氨基酸分子缩聚而成的天然高分子化合物。它可水解，易变性，并发生特殊的颜色反应。

三、仪器与试剂

1. 仪器：恒温水浴锅、试管等。
2. 试剂：蛋白质、硫酸铜、醋酸铅、硝酸银、氯化汞、硫酸铵、醋酸、苦味酸、鞣酸、甘氨酸、酪氨酸、色氨酸、茚三酮试剂、浓硝酸、氢氧化钠、硝酸汞试剂、红色石蕊试纸等。

四、实验步骤

（一）蛋白质的沉淀

1. 用重金属盐沉淀蛋白质[1]

取四支试管，标明号码，各加入 2 mL 蛋白质溶液[2]，分别加入 3 滴 1％硫酸铜溶液、2％碱性醋酸铅溶液、3％硝酸银溶液、5％氯化汞溶液（小心，有毒！），振荡，即有蛋白质沉淀析出。

2. 蛋白质的可逆沉淀

在试管里加入 4 mL 蛋白质溶液，再加入等体积的饱和硫酸铵溶液（浓度约为 43％）。将混合物稍加振荡，即有蛋白质沉淀析出使溶液变浑浊或呈絮状沉淀。取 1 mL 上述浑浊液体加入另一支试管里，加入 2～3 mL 水，振荡，沉淀又溶解。

3. 用生物碱试剂沉淀蛋白质[3]

取两支试管，各加入 1 mL 蛋白质溶液，并滴加 2 滴 5％醋酸溶液使之呈酸性。然后分别滴加 4～5 滴饱和苦味酸和饱和鞣酸溶液，观察现象。

4. 加热沉淀蛋白质

在试管里加入 2 mL 蛋白质溶液，将试管放在沸水浴中加热 5～10 min，蛋白质凝固成白色絮状沉淀。然后加水 2 mL，振荡，观察沉淀是否溶解。

（二）氨基酸和蛋白质的颜色反应

1. 与茚三酮的反应[4]

取四支试管，标明号码，分别加入 1 mL 1％甘氨酸、酪氨酸、色氨酸和蛋白质溶液，再分别滴加 3～4 滴茚三酮试剂，在沸水浴中加热 10～15 min，观察现象。

2. 双缩脲反应[5]

在试管中加入 2 mL 蛋白质溶液、2 mL 10％氢氧化钠溶液，然后加入 2 滴 1％硫酸铜溶液，摇动试管，观察现象。

3. 黄蛋白反应[6]

取一支试管，加入蛋白质溶液 1 mL，再滴加浓硝酸 7～8 滴，此时出现浑浊或白色沉淀。加热煮沸，溶液和沉淀都呈黄色，冷却，逐滴加入 10％氢氧化钠溶液，颜色由黄色变成更深的橙色。

4. 蛋白质与硝酸汞试剂的反应[7]

在试管中加入 2 mL 蛋白质溶液和硝酸汞试剂 2～3 滴。小心加热，此时原先析出的白色絮状物聚成块状，并显砖红色。

（三）碱分解蛋白质

在试管中分别加入 2 mL 蛋白质溶液和 4 mL 30％氢氧化钠溶液。在试管口放一湿润的红色石蕊试纸，把混合液加热煮沸 3～4 min，有何气体放出？试纸是否变色？

本实验约需 3～4 h。

五、附注

[1] 重金属盐在浓度很小时就能沉淀蛋白质，与蛋白质形成不溶于水的类似盐的化合物，且沉淀是不可逆的，因此蛋白质是许多重金属中毒时的解毒剂。

[2] 蛋白质溶液的配制：取鸡蛋 1 个，两端各钻一个小孔，竖立，让蛋清流到烧杯中，加蒸馏水 50 mL，搅拌均匀后，用清洁的绸布或经水浸过的纱布过滤，即得蛋白质溶液。

[3] 在酸性条件下，生物碱试剂能使蛋白质沉淀，加碱则沉淀溶解。

[4] 氨基酸（脯氨酸和羟脯氨酸除外）和蛋白质都能与茚三酮作用，生成紫红色，反应十分灵敏。在 pH 为 5～7 的溶液中进行为宜，反应分为两步。

第一步　氨基酸氧化成 CO_2、NH_3 和醛，茚三酮还原成还原型茚三酮。

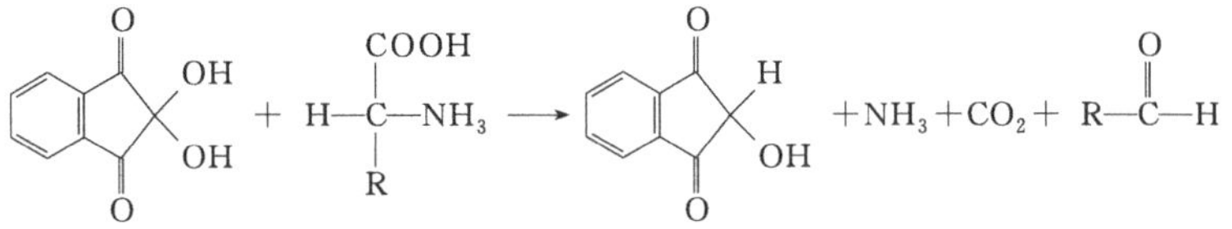

第二步　还原型茚三酮与另一分子茚三酮和 NH_3 缩合生成有色物质。

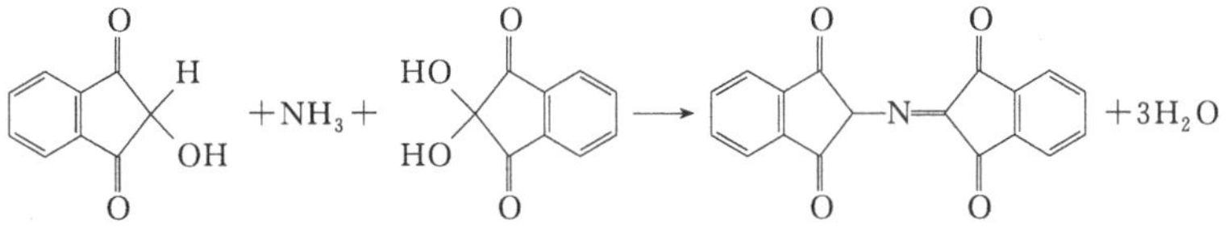

[5] 任何蛋白质或其水解中间产物均有双缩脲反应，这表明蛋白质或其水解中间产物均含有肽键。蛋白质在双缩脲反应中常显紫色。显色反应是由于生成铜的配合物，其结构可能为：

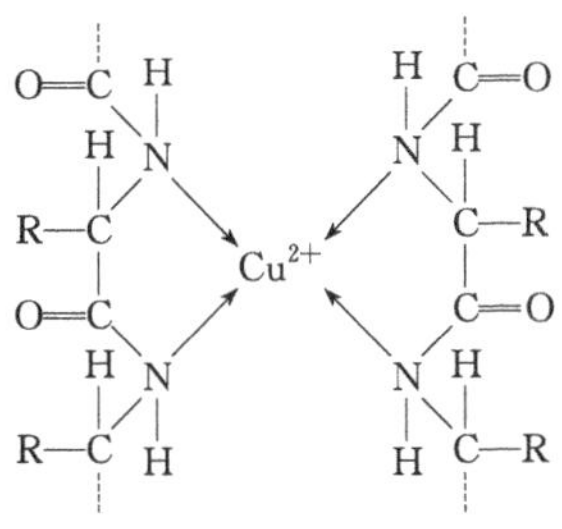

操作过程中应避免加入过多的铜盐。否则，生成过多氢氧化铜，有碍于紫色或红色的观察。

[6] 黄蛋白反应显示蛋白质分子中含单独的或并合的芳环，即含有 α-氨基-β-苯丙酸、酪氨酸、色氨酸等。这些化合物中芳环起硝化作用，生成硝基化合物，结果显示出黄色。加碱后颜色变为橙黄色，是由于形成醌式结构。例如：

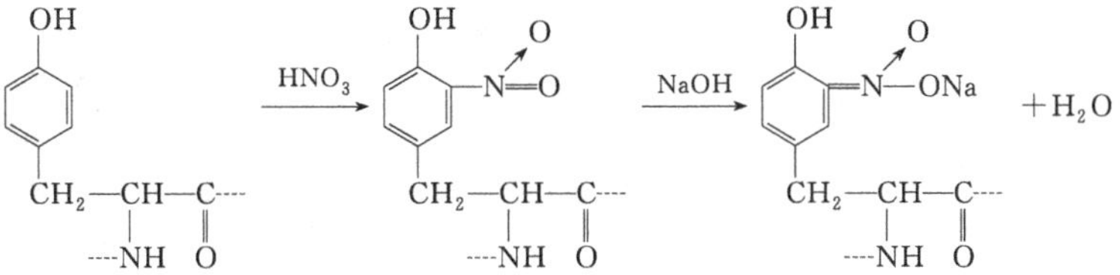

皮肤沾上硝酸变黄是黄蛋白反应的实例。

[7] 只有组成中含有酚羟基的蛋白质，才能与硝酸汞试剂显砖红色。在氨基酸中只有酪氨酸含有酚羟基，所以凡能与硝酸汞试剂反应显砖红色的蛋白质，其组成中必含有酪氨酸。

硝酸汞试剂也叫米伦（Millon）试剂，其配制方法为：将 1 g 金属汞溶于 2 mL 浓硝酸中，用水稀释至 50 mL，放置过夜，过滤即得。

六、思考题

1. 氨基酸与茚三酮发生颜色反应的原理是什么？

2. 氨基酸有双缩脲反应吗？为什么？

3. 为什么鸡蛋清可用作汞中毒的解毒剂？

第四章　有机化合物的制备

正溴丁烷的制备

一、实验目的

1. 学习由正丁醇与氢溴酸反应制备正溴丁烷的合成原理。
2. 掌握回流及气体吸收装置的安装和使用。

二、实验原理

卤代烷制备中的一个重要方法是由醇与氢卤酸发生亲核取代反应来制备。在实验室制备正溴丁烷是用正丁醇与氢溴酸反应。氢溴酸是一种极易挥发的无机酸，因此在制备时用溴化钠与硫酸作用产生氢溴酸直接参与反应。

在反应中，过量的硫酸可以起到移动平衡的作用，通过产生更高浓度的氢溴酸促使反应加速，还可以将反应中生成的水质子化，阻止卤代烷通过水的亲核进攻而返回到醇。但硫酸的存在易使醇生成烯和醚等副产品，因而要控制硫酸的加入量。反应式如下：

$$NaBr + H_2SO_4 \longrightarrow HBr + NaHSO_4$$

$$CH_3CH_2CH_2CH_2OH + HBr \xrightarrow{H_2SO_4} CH_3CH_2CH_2CH_2Br + H_2O$$

并有如下副反应：

$$CH_3CH_2CH_2CH_2OH \xrightarrow{H_2SO_4} CH_3CH_2CH = CH_2 + H_2O$$

$$2CH_3CH_2CH_2CH_2OH \xrightarrow{H_2SO_4} (CH_3CH_2CH_2CH_2)_2O + H_2O$$

$$2HBr + H_2SO_4 \longrightarrow Br_2 + SO_2 + 2H_2O$$

工业上有时采用正丁醇在红磷存在下与溴反应来制备：

$$CH_3CH_2CH_2CH_2OH + Br_2 \xrightarrow{P} CH_3CH_2CH_2CH_2Br + P_2O_5 + H_2O$$

三、仪器与试剂

1. 仪器：电子天平、磁力加热搅拌器、电热套、圆底烧瓶、茄形瓶、回流冷凝管、分液漏斗、长颈漏斗、量筒、烧杯、锥形瓶等。

2. 试剂：浓硫酸、正丁醇、无水氯化钙、碳酸氢钠、溴化钠、浓硫酸、沸石等。

【物理常数及化学性质】

正丁醇：分子量 74.12，沸点 117.7 ℃，n_D^{20} 1.3992，d_4^{20} 0.8098。无色透明易燃液体，溶于水、苯，易溶于丙酮，与乙醚、丙酮可以任何比例混合。20 ℃本品在水中的溶解度为 7.7g/100g。本品是一种用途广泛的重要有机化工原料。

正溴丁烷：分子量 138.90，沸点 101.6 ℃，n_D^{20} 1.4399，d_4^{20} 1.2764。无色液体，不溶于水，易溶于醇、醚，是一种有机合成原料。

四、实验步骤

在 50 mL 的圆底烧瓶中，加入 5 mL 水及搅拌磁子，小心加入 4.8 mL 浓硫酸，混合均匀后冷却至室温。把烧瓶放在磁力加热搅拌器上，依次加入 3.0 mL（2.43 g，32.8 mmol）正丁醇及 4.0 g（38.9 mmol）研细的溴化钠粉末，待搅拌均匀后，加入 2～3 粒沸石。装上回流冷凝管，在冷凝管上端安上真空搅拌器套管，并接一根橡皮管，再通过橡皮管连接一个漏斗，将漏斗倒扣，半浸在盛有适量水的烧杯中，作为气体吸收装置[1]（图 4-1）。在电磁加热搅拌器上加热，搅拌回流 1.5 h。稍冷却后，改作蒸馏装置，用电热套加热蒸出正溴丁烷粗产品[2]，至馏出液澄清为止。

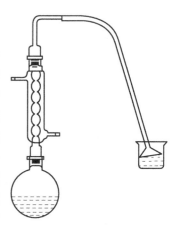

图 4-1　正溴丁烷制备装置

将馏出液转入分液漏斗中，加入 3 mL 水洗涤[3]，分出水层。有机层用 2 mL 浓硫酸洗涤[4]，分离干净硫酸层。有机层再依次用 5 mL 水、5 mL 饱和碳酸氢钠溶液及 5 mL 水洗涤[5]。分出粗正溴丁烷，置于带塞的干燥锥形瓶中，加入适量无水氯化钙，干燥 0.5～1 h。干燥后的粗产物滤入干燥的 10 mL 茄形瓶中，加入沸石进行蒸馏，收集 98～103 ℃的馏分。产量为 1.5～1.8 g 左右，产率约为 33%～40%。

五、附注

[1] 在回流过程中，尤其是停止回流时，要密切注意勿使漏斗全部埋入水中，以免倒吸。

[2] 正溴丁烷是否蒸完，可以从下列现象判断：①蒸出液是否由浑浊变为澄清；②反应瓶内的飘浮油层是否消失；③取一支试管，收集几滴馏出液，加水摇动，观察有无油珠出现。

[3] 如水洗后粗产物呈红色，是由于浓硫酸的氧化作用生成游离溴，可加入数毫升饱和亚硫酸氢钠溶液洗涤除去。

$$2NaBr + 3H_2SO_4(浓) \longrightarrow Br_2 + 2H_2O + 2NaHSO_4 + SO_2 \uparrow$$
$$Br_2 + 3NaHSO_3 \longrightarrow 2NaBr + NaHSO_4 + 2SO_2 \uparrow + H_2O$$

[4] 浓硫酸的作用是溶解并除去粗产物中少量未反应的正丁醇及副产物正丁醚等杂质。因为正丁醇可与正溴丁烷形成共沸物（沸点 98.6 ℃，含正丁醇 13%），蒸馏时很难除去，因此用浓硫酸洗涤时，要充分振摇。

[5] 各步洗涤均需注意何层取之，何层弃之。若不知密度，可根据水溶性判断，正溴丁烷难溶于水，故易溶于水的弃去。

六、思考题

1. 加料时，为什么不可以先使溴化钠与浓硫酸混合，然后加入正丁醇及水？
2. 反应后的粗产物可能含有哪些杂质？各步洗涤的目的是什么？
3. 用分液漏斗洗涤产物时，正溴丁烷时而在上层，时而在下层，用什么简便方法判断？

实验二十二

环己酮的制备

一、实验目的

1. 学习由醇氧化制备酮的基本原理。
2. 掌握由环己醇氧化制备环己酮的实验操作。

二、实验原理

环己酮常用作有机合成中间体和有机溶剂。工业上最常用的制备方法是环己烷空气催化氧化和环己醇催化脱氢。例如：

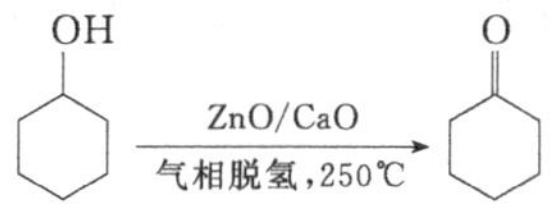

$$\text{环己醇} \xrightarrow[\text{气相脱氢，250℃}]{ZnO/CaO} \text{环己酮}$$

在实验室中，多用氧化剂氧化环己醇，酸性重铬酸钠（钾）是最常用的氧化剂之一。例如：

$$Na_2Cr_2O_7 + H_2SO_4 \longrightarrow 2CrO_3 + Na_2SO_4 + H_2O$$

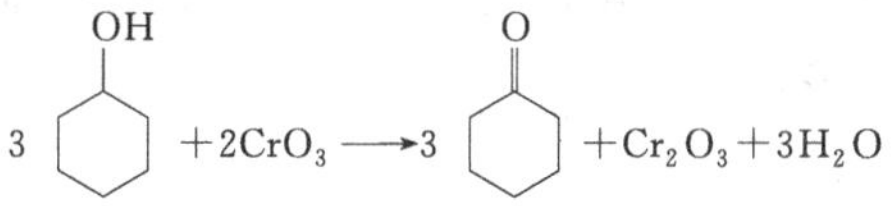

$$3\text{（环己醇）} + 2CrO_3 \longrightarrow 3\text{（环己酮）} + Cr_2O_3 + 3H_2O$$

总反应式：

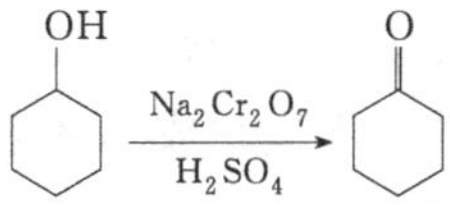

$$\text{环己醇} \xrightarrow[H_2SO_4]{Na_2Cr_2O_7} \text{环己酮}$$

反应中，重铬酸盐在硫酸作用下先生成铬酸酐，再和醇发生氧化反应，因酮比较稳定，不易被进一步氧化，故一般能得到较高的产率。为防止因进一步氧化而发生断链，控制反应条件仍然十分重要。

本实验采用重铬酸钠氧化环己醇制备环己酮。

三、仪器与试剂

1. 仪器：电子天平、电热套、圆底烧瓶、水蒸气蒸馏装置、分液漏斗、量筒、烧杯和温度计等。
2. 试剂：浓硫酸、环己醇、重铬酸钠、无水碳酸钾、草酸、乙醚、氯化钠等。

【物理常数及化学性质】

环己醇：分子量 100.16，无色透明油状液体或白色针状结晶，熔点 25.9 ℃，沸点 160.8 ℃，$n_D^{20} 1.4641$，$d_4^{20} 0.9424$。微溶于水，溶于乙醇、乙醚。本品具有中等毒性。

环己酮：分子量 98.14，沸点 155.65℃，$n_D^{20} 1.4507$，$d_4^{20} 0.9478$。无色可燃性液体，微溶于水，能与醇、醚及其他有机溶剂混溶。本品是生产聚酰胺的重要原料。

四、实验步骤

在 50 mL 圆底烧瓶中放入 10 mL 冰水，慢慢加入 3.5 mL 浓硫酸。充分混合后，边搅拌边缓慢加入环己醇 1.92 g（2 mL，19.17 mmol）。在混合液中放一温度计，并将溶液温度降至 30 ℃以下。

将重铬酸钠 3.5 g（11.7 mmol）溶于盛有 2 mL 水的烧杯中。将此溶液用滴管分批加入圆底烧瓶中，并不断振摇使之充分混合。氧化反应开始后，混合液迅速变热，且橙红色的重铬酸盐变为墨绿色的低价铬盐。当瓶内温度达到 55 ℃时，可用冷水浴适当冷却，控制温度不超过 60 ℃。待前一批重铬酸盐的橙色消失之后，再加入下一批。加完后继续振摇直至温度有自动下降的趋势为止，最后加入 0.15 g 草酸使反应液完全变成墨绿色[1]。

反应瓶中加入 12 mL 水，用简易水蒸气蒸馏装置，将环己酮和水一起蒸馏出来（环己酮与水的共沸点为 95 ℃），直至馏出液澄清[2]。将馏出液用适量氯化钠饱和，分液漏斗分出有机层，水层用 6 mL 乙醚萃取 2 次，合并有机层和萃取液，用无水碳酸钾干燥。蒸出乙醚，烧瓶中剩余物即为产品。产品重 1.2～1.3 g，产率为 62%～66%。

五、附注

[1] 若不除去过量的重铬酸钠，在后面蒸馏时，环己酮将进一步氧化，开环生成己二酸。

[2] 31℃时，环己酮在水中的溶解度为 3.4 g，即使采用盐析仍不可避免有少量环己酮损失，故水的馏出量不宜过多。

六、思考题

1. 为什么要将重铬酸钠溶液分批加入反应瓶中？
2. 如欲将乙醇氧化成乙醛，为避免进一步氧化成乙酸应采取哪些措施？
3. 氧化反应结束时，为何要加入草酸？

实验二十三

三苯甲醇的制备

一、实验目的

1. 学习利用格氏反应制备结构复杂的醇。

2. 掌握格氏反应的各步操作。

二、实验原理

三苯甲醇在工业上用苯作原料，在 $AlCl_3$ 存在下，以 CCl_4 为烷基化试剂，先生成三苯氯甲烷与 $AlCl_3$ 的复合物，再经酸化水解而得，还可用三苯甲烷氧化法制备。在实验室中主要用格氏（Grignard）反应制备。利用格氏反应制备时，又因原料不同而分为两种方法。

1. 苯甲酸乙酯与苯基溴化镁反应

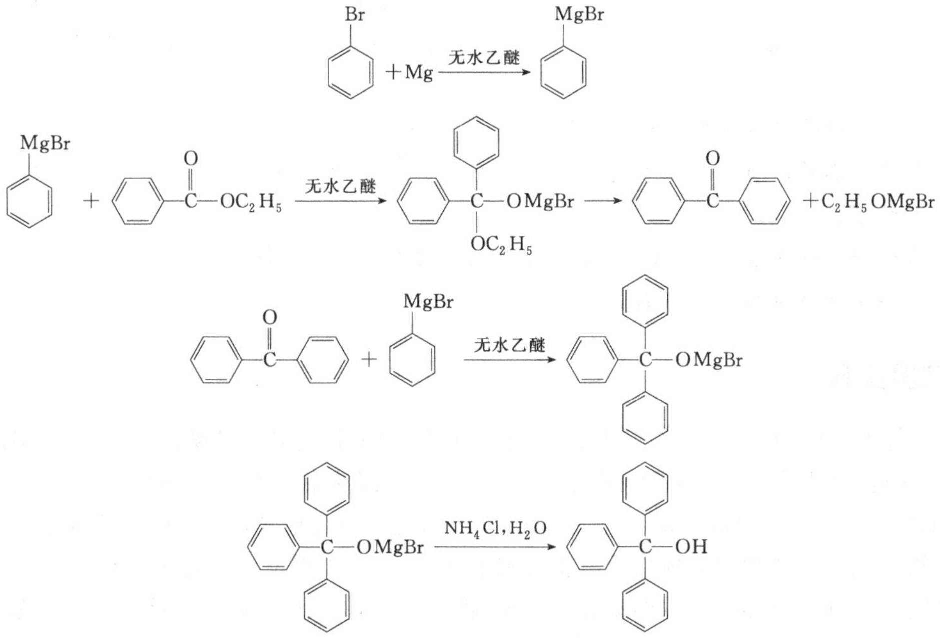

上述两种方法的副反应都是：

本实验采用第一种方法。

2. 二苯酮与苯基溴化镁反应

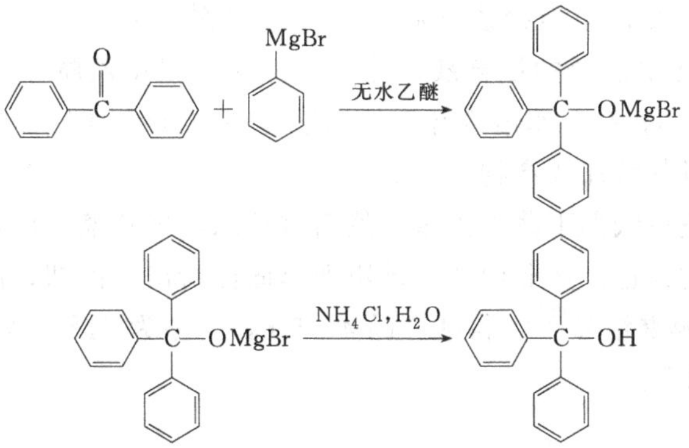

上述两种方法的副反应都是：

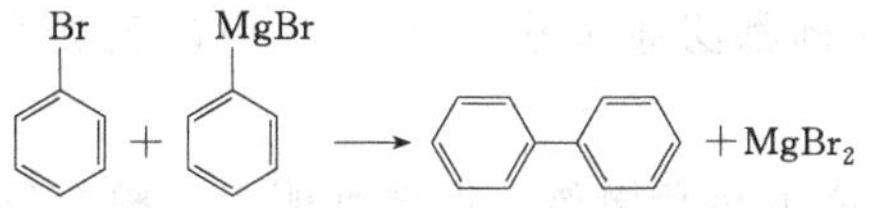

本实验采用第一种方法。

三、仪器与试剂

1. 仪器：电子天平、电热套、搅拌器、三口瓶、蒸馏装置、水蒸气蒸馏装置、循环水式真空泵、量筒、烧杯、干燥管、球形冷凝管、滴液漏斗、布氏漏斗、温度计等。

2. 试剂：溴苯（干燥，CP）、苯甲酸乙酯（CP，精制）、镁屑（CP）、碘（CP）、无水乙醚（自制）、乙醇（95%，CP）、氯化铵（CP）、稀盐酸（6mol/L）。

【物理常数及化学性质】

苯甲酸乙酯：分子量 150.12，沸点 213 ℃，$n_D^{20} 1.5001$，$d_4^{20} 1.0509$。无色澄清液体，具有芳香气味，微溶于水，溶于乙醇和乙醚。本品是一种香料和溶剂，亦是有机合成中间体。

溴苯：分子量 157.02，沸点 156 ℃，$n_D^{20} 1.5697$，$d_4^{20} 1.4952$。无色油状液体，不溶于水，溶于苯、乙醇、醚、氯苯等有机溶剂，易燃。本品是有机合成原料，可用于合成医药、农药、染料等。

三苯甲醇：分子量260.33，熔点164.2 ℃。白色晶体，不溶于水，易溶于苯、醇、醚和醋酸。本品是一种有机合成原料。

四、实验步骤

在干燥的 250 mL 三口瓶中，加入 1.5 g（0.062 mol）镁屑和一粒碘，并安装搅拌器、带有氯化钙干燥管的球形冷凝管和筒形滴液漏斗[1]，在滴液漏斗中加入 9.5 g（6.4 mL，0.061 mol）溴苯和 25 mL 无水乙醚混合液。先滴入 8～10 mL 溴苯-乙醚混合液，此时镁表面明显形成气泡，溶液出现轻微浑浊，球形冷凝器下端出现回流。如不反应，可稍微温热[2]。待反应趋于平稳后，开始搅拌，从球形冷凝器上端加入 10 mL 无水乙醚，再慢慢滴加溴苯和无水乙醚的混合液，控制滴加速度，保持乙醚的正常回流。滴加完毕，继续搅拌回流 15 min，以使镁屑尽量反应完全[3]。

用冷水浴冷却三口瓶，边搅拌边从滴液漏斗中慢慢滴入 3.8 g（3.6 mL，0.025 mol）苯甲酸乙酯和 10 mL 无水乙醚的混合液，控制滴加速度以使乙醚保持回流。滴加完毕，在搅拌下缓慢加热回流 1 h。在冷水浴冷却下从滴液漏斗中慢慢加入 7.5 g 氯化铵与 28 mL 水配制好的饱和溶液，以分解加成产物[4]。

改成蒸馏装置，先在低温下蒸出乙醚，然后进行水蒸气蒸馏，以除去溴苯等有机物，直至馏出液不再有油状物为止。烧瓶中的三苯甲醇呈固体析出，冷却，用布氏漏斗抽滤。粗产物称重，用95%的乙醇重结晶[5]。得纯产品 4～5 g，产率为 61%～76%。

本实验约需 9～12 h。

五、附注

[1] 所有反应仪器及试剂都必须充分干燥。苯甲酸乙酯经无水硫酸镁干燥后，减压蒸馏。

[2] 可用手捂热，亦可用电热套微热，但严禁明火。整个反应期间不准有火种。

[3] 镁屑未完全反应，可适当延长回流时间，若仍不消失，实验则可继续往下进行。

［4］如反应中絮状氢氧化镁未全溶，可加入 5～8 mL 6 mol/L 盐酸，使其全部溶解。

［5］亦可用石油醚-乙醇（2∶1）重结晶。

六、思考题

1. 实验中为什么溴苯加入速度不宜过快？

2. 为什么用饱和氯化铵溶液分解产物？还可用什么试剂代替？

3. 进行重结晶时，何时加入活性炭为宜？若用混合溶剂重结晶，为什么不能加入大量不良溶剂？抽滤后的结晶应用什么溶剂洗涤？

4. 格氏试剂与哪些化合物反应可以制得伯、仲、叔醇？写出各自的化学反应式。

实验二十四

乙酸乙酯的制备

一、实验目的

1. 学习酯化反应的基本原理和制备方法。

2. 掌握分液操作。

二、实验原理

羧酸酯一般是由羧酸和醇在少量浓硫酸或干燥的氯化氢、磺酸或阳离子交换树脂等有机强酸催化下脱水而制得的。酯化反应是可逆反应，为了促进反应的进行，通常采用增加酸或醇的浓度或连续地移去产物（由形成恒沸混合物来移去反应中的酯和水）的方式来达到。提高反应温度可加速反应。醇、酸的结构对反应速率也有很大影响。一般来说，醇的反应活性是伯醇＞仲醇＞叔醇；酸的反应活性是 $RCH_2COOH > R_2CHCOOH > R_3CCOOH$。

$$R{-}\overset{\overset{\displaystyle O}{\|}}{C}{-}OH + R'OH \underset{}{\overset{H_2SO_4}{\rightleftharpoons}} R{-}\overset{\overset{\displaystyle O}{\|}}{C}{-}OR' + H_2O$$

本实验由冰醋酸和乙醇在浓硫酸的催化下反应制备乙酸乙酯。乙酸乙酯和水能形成二元共沸物，沸点为 70.4 ℃，比乙醇（78 ℃）和乙酸（118 ℃）的沸点都低。而乙酸乙酯的沸点为 77.06 ℃，因此，乙酸乙酯很容易蒸出。反应式为：

$$CH_3COOH + CH_3CH_2OH \overset{H_2SO_4}{\rightleftharpoons} CH_3COOC_2H_5 + H_2O$$

羧酸酯还可由酰氯、酸酐或腈和醇作用而制得。羧酸先转化成酰卤，再与醇反应生成酯，虽然经过两步，但结果往往比直接酯化好，这也是一个广泛用于合成酯的方法。

三、仪器与试剂

1. 仪器：电子天平、电热套、圆底烧瓶、蒸馏装置、量筒、球形冷凝管、分液漏斗、温度计、锥形瓶等。

2. 试剂：无水乙醇、碳酸钠、浓硫酸、食盐、冰醋酸、氯化钙、无水硫酸镁、沸石等。

【物理常数及化学性质】

乙酸乙酯：分子量 88.11，沸点 77.06 ℃，n_D^{20}1.3719，d_4^{20}0.8946。无色澄清液体，有芳香味。易溶于氯仿、丙酮、醇、醚等有机溶剂，稍溶于水，遇水有极缓慢的水解。易挥发，遇明火、高热易燃。本品是用途最广的脂肪酸酯之一，具有优异的溶解能力。

四、实验步骤

在 50 mL 圆底烧瓶中，加入 6 mL（4.8 g，103.8 mmol）无水乙醇和 3.8 mL（3.96 g，66.4 mmol）冰醋酸，再加入 1.6 mL 浓硫酸及两粒沸石，同时，不断摇动，使其混合均匀。烧瓶上安装回流冷凝管，用电热套以较低的电压加热[1]，使溶液保持微沸，回流约 30 min。冷却后，换成蒸馏头，改为蒸馏装置。加热蒸出约 2/3 的液体，大致蒸到蒸馏液泛黄，馏出速度减慢为止。

在不断振摇下，将饱和碳酸钠溶液（约 3.8 mL）慢慢加到馏出液中，直到无二氧化碳气体逸出为止[2]。将馏出液移入分液漏斗，分去水层。有机层先用 5 mL 饱和食盐水洗涤[3]，再用 5 mL 饱和氯化钙溶液和水各洗涤一次，分去水层，将有机层移入干燥的锥形瓶中，用适量无水硫酸镁干燥约 0.5～1 h。将干燥好的粗产物滤入合适的圆底烧瓶，安装好蒸馏装置进行蒸馏[4]，收集 73～78 ℃的馏分。产量为 3.0～3.8 g，产率为 35%～50%。

五、附注

[1] 温度过高会增加副产物乙醚的含量。

[2] 可用湿润的蓝色石蕊试纸检验二氧化碳。

[3] 每 17 份水可溶解 1 份乙酸乙酯，为减少酯的损失，并除去碳酸钠，要先用饱和氯化钠溶液洗涤。

[4] 乙酸乙酯可与水、醇形成二元、三元共沸物，其组成及沸点见下表：

沸点/℃	组　　成/%		
	乙酸乙酯	乙　　醇	水
70.2	83.6	8.4	8
70.4	91.9	—	8.1
71.8	69.0	31.0	—

因此，当粗产品中含有水、醇时，沸点降低，前馏分增加，影响产率。

六、思考题

1. 反应馏出液中含有哪些杂质？

2. 对馏出液各步洗涤、分离的目的是什么？如先用饱和氯化钙洗，再用饱和食盐水洗，可以吗？为什么？

实验二十五

乙酸正丁酯的制备

一、实验目的

1. 学习羧酸与醇反应制备酯的原理和方法。
2. 学习利用恒沸去水以提高酯化反应收率的方法。
3. 掌握分水器回流去水的基本操作。

二、实验原理

冰醋酸与正丁醇在少量浓硫酸或硫酸氢钠的催化下发生酯化反应，生成乙酸正丁酯。

主反应：

$$CH_3COOH + C_4H_9OH \xrightleftharpoons{H^+} CH_3-\overset{\overset{\displaystyle O}{\|}}{C}-OC_4H_9 + H_2O$$

副反应：

$$CH_3CH_2CH_2CH_2OH \xrightarrow{H_2SO_4} CH_3CH_2CH=CH_2 + H_2O$$

$$2CH_3CH_2CH_2CH_2OH \xrightarrow{H_2SO_4} (CH_3CH_2CH_2CH_2)_2O + H_2O$$

三、仪器与试剂

1. 仪器：电子天平、电炉、圆底烧瓶、分水器、蒸馏装置、球形冷凝管、量筒、锥形瓶等。
2. 试剂：正丁醇、碳酸钠、浓硫酸、冰醋酸、无水硫酸镁等。

【物理常数及化学性质】

乙酸正丁酯：分子量 116.16，沸点 126.5℃，$n_D^{20}1.3917$，$d_4^{20}0.8825$，无色液体。易燃，具有水果香味，与醇、酮、醚等有机溶剂混溶。急性毒性较小，有麻醉和刺激作用。

四、实验步骤

在干燥的 50 mL 圆底烧瓶中，装入 4.6 mL（3.72 g，0.05 mol）正丁醇和 2.88 mL（3 g，0.05mol）冰醋酸，再加入 1 滴浓硫酸[1]。混合均匀，投入沸石，然后安装分水器及回流冷凝管，并在分水器中预先加水（$V-1$）mL[2]。在石棉网上加热回流[3]，反应约 40 min 后不再有水生成，表示反应完毕[4]。停止加热，冷却后卸下回流冷凝管，把分水器中分出的上层液体（酯层）和圆底烧瓶中的反应液一起倒入分液漏斗中[5]。用 5 mL 水洗涤，分去水层。酯层用 5 mL 10%碳酸钠溶液洗涤，检验是否仍有酸性（如仍有酸性怎么办？），分去水层。将酯层再用 5 mL 水洗涤一次，分去水层。将酯层倒入小锥形瓶中，加少量无水硫酸镁干燥。

将干燥后的乙酸正丁酯倒入干燥的 50 mL 蒸馏烧瓶中（注意不要把硫酸镁倒进去），加入沸石，安装好蒸馏装置，在石棉网上加热蒸馏。收集 124～126 ℃的馏分。前馏分倒入指定的回收瓶中。产量约 4 g。

五、附注

[1] 加入浓硫酸后须振荡，以使反应物混合均匀。实验中的浓硫酸仅起催化作用，故只需少量，不可多加。

[2] 在分水器中预先加水至分水器回流支管口，从分水器下口放出 1 mL 水（用吸量管量取），以保证醇能及时回到反应体系继续参加反应。注意：只要水不回流到反应体系中就不要放水。

[3] 在回流过程中，要控制加热速度，一般以上升气环的高度不超过球形冷凝管的 1/3 为宜，回流速度每秒 1～2 滴。

[4] 反应终点的判断：分水器中不再有水珠下沉，水面不再升高，出水量接近理论量。反应需要 40 min 左右。

[5] 本实验的成败关键在于对回流速度的控制及反应终点的判断。

六、思考题

1. 酯化反应有什么特点？在实验中如何创造条件促使酯化反应尽量向生成物方向进行？
2. 计算反应中应生成多少毫升水。

实验二十六

苯胺的制备

一、实验目的

1. 学习硝基还原为氨基的基本原理。
2. 掌握铁粉还原法制备苯胺的实验步骤。

二、实验原理

芳香族硝基化合物在酸性介质中还原，可以得到相应的芳香族伯胺。常用的还原剂有铁-盐酸、铁-醋酸、锡-盐酸等。

工业上苯胺可以用铜作为催化剂催化氢化硝基苯来合成：

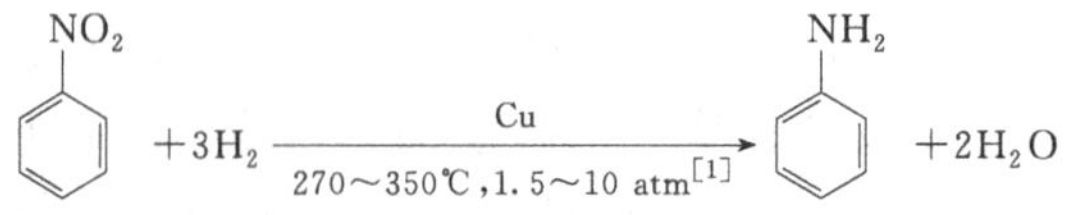

较新的工业制备苯胺的方法是用苯酚氨解：

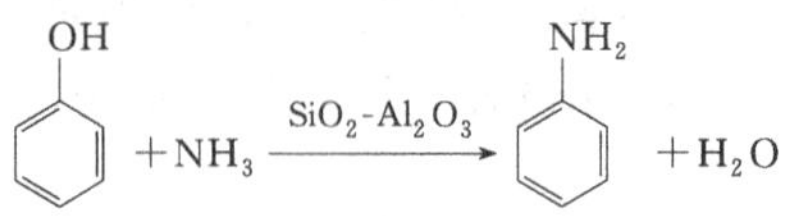

实验室制备苯胺一般是用硝基苯还原：

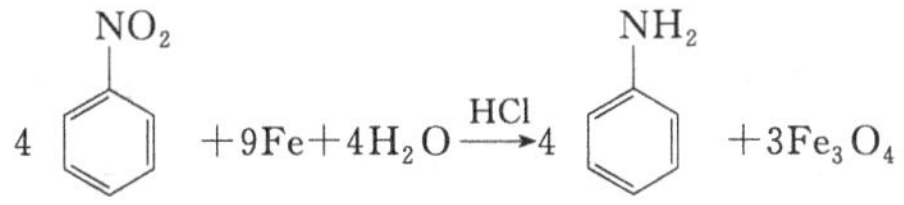

反应分步进行：

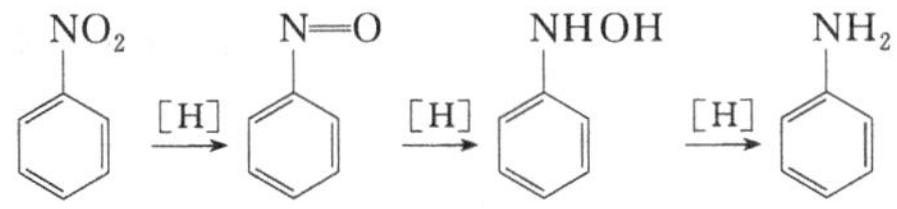

另外，还可能发生下列副反应：

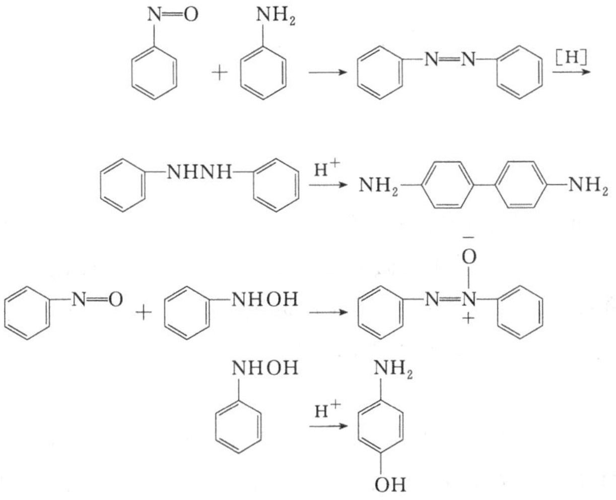

用铁还原硝基苯，盐酸仅为理论量的 1/40，因为这里除产生新生态氢以外，主要由生成的亚铁盐来还原，反应过程中所包括的变化用下列方程式表示。

（1）铁和酸生成亚铁离子

$$Fe+2H^+\longrightarrow Fe^{2+}+2[H]$$

（2）硝基苯被还原成苯胺

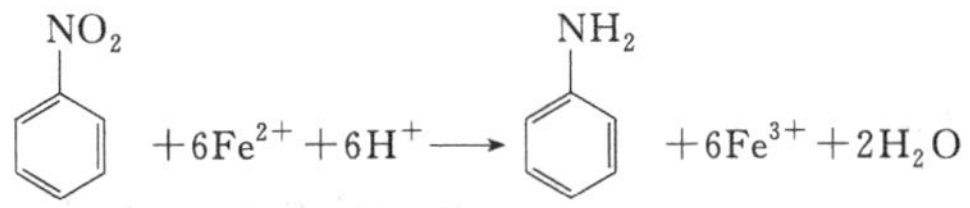

（3）铁离子与水作用生成氢氧化铁并再生成氢离子

$$2Fe^{3+}+6H_2O\longrightarrow 6H^++2Fe(OH)_3$$

$$2Fe(OH)_3\longrightarrow Fe_2O_3+3H_2O$$

（4）三氧化二铁与氧化亚铁化合生成四氧化三铁

$$Fe_2O_3+FeO\longrightarrow Fe_3O_4$$

三、仪器与试剂

1. 仪器：电子天平、电热套、搅拌器、圆底烧瓶、水蒸气蒸馏装置、蒸馏装置、球形冷凝管、分液漏斗、量筒、锥形瓶等。

2. 试剂：硝基苯（CP），铁粉（40～100 目），乙酸（CP），氯化钠（CP），乙醚（CP），氢氧化钠（CP）。

【物理常数及化学性质】

硝基苯：分子量 123.11，沸点 210.8 ℃，n_D^{20}1.5524，d_4^{20}1.2037。无色透明油状液体，具有苦杏仁油的特殊臭味。微溶于水，易溶于乙醇、乙醚、苯、甲苯等有机溶剂，能随水蒸气蒸发，易燃、易爆，高毒性。本品是一种重要的基本有机合成原料。

苯胺：分子量 93.13，沸点 184.4 ℃，92 ℃/4.4 kPa，熔点 −6.3 ℃，n_D^{20}1.5863，d_4^{20}1.0220。无色或淡黄色透明油状液体，有特殊气味。暴露在空气中或见光会逐渐变成棕色，能随水蒸气挥发，能与醇、醚、苯、硝基苯及其他多种有机溶剂混溶。苯胺在水中的溶解度：3.5g/100g 水（25 ℃），3.7g/100g 水（30 ℃）。苯胺是重要的有机化工原料，以它为原料能生产的较重要的有机化工产品达 300 多种。在涂料、橡胶、染料、医药工业有广泛的用途。

四、实验步骤

在 250 mL 圆底烧瓶中，加入 40 g 铁粉（0.72 mol）、40 mL 水和 2 mL 乙酸，用力振摇使之混合均匀。安装回流冷凝管，缓缓加热微沸 5 min[2]。稍冷，从冷凝管顶端分批加入 25 g（21 mL，0.20 mol）硝基苯，每次加完后要进行振荡，使反应物充分混合。反应强烈放热，足以使溶液沸腾[3]。加完后，用电热套加热回流 0.5～1 h，并不断振摇，以使还原反应完全[4]。

将反应液转入 500 mL 长颈圆底烧瓶中，进行水蒸气蒸馏，直到馏出液澄清[5] 为止，约收集 200 mL。分出有机层，水层用氯化钠（约 40～50 g）饱和后，每次用 20 mL 乙醚萃取三次。合并有机层[6] 和乙醚萃取液，用固体氢氧化钠干燥。将干燥好的有机溶液进行蒸馏，先蒸出乙醚，再加热收集 180～185 ℃的馏分[7]。产量为 13～14 g，产率为 69％～74％。

本实验约需 8 h。

五、附注

[1] 1atm＝101.325kPa。

[2] 该步骤的主要作用是活化铁。铁与乙酸反应生成乙酸铁，这样做可缩短反应时间。

[3] 若反应放热强烈，易引起暴沸，可备好冷水浴随时冷却。

[4] 硝基苯为黄色油状物，如果回流液中黄色油状物消失而转变为乳白色油珠，表明反应已经完成。也可用滴管吸取少量反应液于试管中，加几滴浓盐酸，看是否有黄色油珠下沉。如果回流冷凝器内壁沾有黄色油珠，可用少量水冲下，再继续反应一段时间。还原反应必须完全，否则，残留的硝基苯很难分离。

[5] 馏出液中若有硝基苯必须设法除去。

苯胺的蒸气压/kPa	0.13	1.33	5.33	13.33	101.31
温度/℃	34.8	69.4	96.7	119.9	184.13

[6] 苯胺毒性较大，须极小心处理。它很容易透过皮肤被吸收，引起青紫。一旦触及皮肤，先用水冲洗，再用肥皂和温水洗涤。

［7］新蒸苯胺为无色油状液体，当暴露于空气或受光照射时，颜色变暗。

六、思考题

1. 本实验在水蒸气蒸馏前为何不进行中和？若以盐酸代替醋酸是否需要中和？
2. 本实验为何选择水蒸气蒸馏的方法把苯胺从反应混合物中分离出来？
3. 如果粗产物苯胺中含有硝基苯，应如何分离提纯？.
4. 在精制苯胺时，为什么用固体氢氧化钠作为干燥剂而不用硫酸镁或氯化钙？

实验二十七

硝基苯的制备

一、实验目的

1. 了解硝化反应中混酸的浓度、反应温度和反应时间与硝化产物的关系。
2. 掌握硝基苯的制备原理和方法。

二、实验原理

硝基苯，又名密斑油、苦杏仁油，为无色或微黄色具苦杏仁味的油状液体。难溶于水，易溶于乙醇、乙醚、苯和油。遇明火、高热会燃烧、爆炸，与硝酸反应剧烈。硝基苯是重要的基本有机中间体，广泛用于生产染料、香料、炸药等。

芳香族硝基化合物一般由芳香族化合物直接硝化制得，最常用的硝化剂是浓硝酸与浓硫酸的混合液，常称混酸。在硝化反应中，因被硝化物的结构不同，所需的混酸浓度和反应温度也各不相同。硝化反应是强放热反应，必须严格控制升温和加料速度，同时进行充分的搅拌。

本实验以苯为原料，以混酸为硝化剂，制备硝基苯，反应式如下：

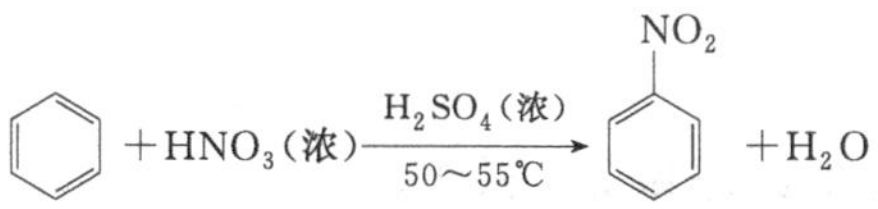

$$\text{\textbenzene} + HNO_3(\text{浓}) \xrightarrow[50\sim55℃]{H_2SO_4(\text{浓})} \text{\textnitrobenzene} + H_2O$$

三、仪器与试剂

1. 仪器：三颈烧瓶、搅拌器、温度计、Y形管、滴液漏斗、烧杯、圆底烧瓶、空气冷凝管、尾接管、蒸馏头、锥形瓶、玻璃弯管等。
2. 试剂：苯、浓硝酸、浓硫酸、氧氧化钠、无水氯化钙等。

【物理常数及化学性质】

苯：分子量78.11，沸点为80.2 ℃，n_D^{20}1.5011，无色透明液体，有芳香气味。易燃，有毒，为国际癌症研究机构（IARC）第一类致癌物。能与乙醇、乙醚、丙酮、四氯化碳、二硫化碳、冰乙酸和油类任意混溶，本身也可作为有机溶剂。苯是石油化工的基本原料。

四、实验步骤

在 100 mL 锥形瓶中，加入 18 mL 浓硝酸，在冷却和振荡下慢慢加入 20 mL 浓硫酸制成混合酸备用。

在 250 mL 三颈烧瓶上，分别装搅拌器、温度计（水银球伸入液面下）及 Y 形管，Y 形管一孔插滴液漏斗，另一孔连玻璃弯管并用橡皮管连接通入水槽。在瓶内加入 18 mL 苯，开动搅拌，自滴液漏斗逐渐滴入上述制好的冷的混合酸。控制滴加速度，使反应温度维持在 50～55 ℃ 之间，勿超过 60 ℃，必要时可用冷水浴冷却。滴加完毕后，将三颈烧瓶在 60 ℃ 左右的热水浴上继续搅拌 15～30 min。

待反应物冷却至室温后，倒入盛有 100 mL 水的烧杯中，充分搅拌后让其静置，待硝基苯沉降后尽可能倾倒出酸液（倒入废液缸）。粗产物转入分液漏斗，依次用等体积的水、5% 氢氧化钠溶液和水洗涤后，用无水氯化钙干燥。

将干燥好的硝基苯滤入蒸馏瓶，接空气冷凝管，在石棉网上加热蒸馏，收集 205～210 ℃ 馏分，产量约 18 g。

五、思考题

1. 本实验中为什么要控制反应温度在 50～55 ℃ 之间？温度过高有什么不好？
2. 粗产物硝基苯依次用水、碱液和水洗涤的目的是什么？
3. 甲苯和苯甲酸硝化的产物是什么？你认为在反应条件上有何差异？为什么？
4. 如粗产物中有少量硝酸没有除掉，在蒸馏过程中会发生什么现象？

实验二十八

乙酰苯胺的制备

一、实验目的

1. 掌握苯胺乙酰化反应的原理和实验操作。
2. 进一步熟悉固体有机物的提纯方法——重结晶。

二、实验原理

芳胺的乙酰化在有机合成中有着重要的作用，例如保护氨基。一级和二级芳胺在合成中通常被转化为它们的乙酰化衍生物，以降低芳胺对氧化降价的敏感性或避免与其他官能团或试剂（如 RCOCl、$-SO_2Cl$、HNO_2 等）之间发生不必要的反应。同时，氨基经酰化后，降低了氨基在亲电取代（特别是卤化）中的活化能力，使其由很强的第 I 类定位基变为中强度的第 I 类定位基，使反应由多元取代变为有用的一元取代；由于乙酰基的空间效应，对位取代产物的比例提高。在合成的最后步骤，氨基很容易通过酰胺在酸碱催化下水解而游离出来。芳胺可用酰氯、酸酐或冰醋酸来进行酰化，冰醋酸易得，价格便宜，但需要较长的反应时间，适合大规模的制备。酸酐一般来说是比酰氯更好的酰化试剂。用游离胺与纯乙酸酐进行酰化，常伴有二乙酰胺［ArN(COCH$_3$)$_2$］副产物的生成。但如果在醋酸-醋酸钠的缓冲溶液中进行酰化，由于酸酐的水解速度比酰化速度慢得多，可以得到高纯度的产物。但这一方法不适合硝基苯胺和其他碱性很弱的芳胺的酰化。

本实验中用醋酸作乙酰化试剂。

$$\text{—NH}_2 + CH_3COOH \longrightarrow \text{—NHCOCH}_3 + H_2O$$

三、仪器与试剂

1. 仪器：电子天平、循环水式真空泵、电热套、圆底烧瓶、韦氏分馏柱、布氏漏斗、量筒、温度计、接收瓶等。

2. 试剂：苯胺、冰醋酸、锌粉等。

【物理常数及化学性质】

苯胺：分子量 93.13，沸点 184.4 ℃，d_4^{20} 1.0217，n_D^{20} 1.5863。微溶于水（3.7 g/100 g 水），易溶于乙醇、乙醚和苯。本品有毒，吸入、口服或皮肤接触都有危害。

乙酰苯胺：分子量 135.17，熔点 114.3 ℃，d_4^{20} 1.2190。微溶于冷水，易溶于乙醇、乙醚及热水。本品具有刺激性，应避免皮肤接触或由呼吸和消化系统进入体内。本品能抑制中枢神经系统和心血管系统功能。

四、实验步骤

在 50 mL 圆底烧瓶中，加入 5 mL（5.1 g，0.055 mol）苯胺[1]、7.5 mL（7.85 g，0.13mol）冰醋酸及少许锌粉（约 0.05 g）[2]，装上一个短的韦氏分馏柱[3]，其上端装一个温度计，支管通过支管接引管与接收瓶相连，接收瓶外部用冷水浴冷却。

将圆底烧瓶缓缓加热，使反应物保持微沸约 15 min，然后逐渐升高温度，当温度计读数达到 100 ℃ 左右时，支管即有液体流出。反应回流时，必须强热，蒸气高度应超过 2/3 冷凝管的高度，若加热强度不够，可能产生苯胺乙酸盐，而难以产生乙酰苯胺，维持温度在 100～110 ℃ 之间反应约 1.5 h，生成的水及大部分醋酸已被蒸出[4]，此时温度计读数下降，表示反应已经完成。在搅拌下趁热将反应物倒入 200 mL 冰水中[5]，冷却后抽滤析出的固体，用冷水洗涤。粗产物用水重结晶，产量为 4～5 g，熔点为 113～114 ℃。

五、附注

[1] 久置的苯胺色深有杂质，会影响乙酰苯胺的质量，故最好用新蒸的苯胺。

[2] 加入锌粉的目的是防止苯胺在反应过程中被氧化，生成有色的杂质。

[3] 因属少量制备，最好用微量分馏管代替韦氏分馏柱。分馏管支管用一段橡皮管与一个玻璃弯管相连，玻璃管下端伸入试管中，试管外部用冷水浴冷却。

[4] 收集醋酸及水的总体积约为 2 mL。

[5] 反应物冷却后，固体产物立即析出，沾在瓶壁不易处理。故须趁热在搅动下倒入冷水中，以除去过量的醋酸及未作用的苯胺（它可成为苯胺醋酸盐而溶于水）。

六、思考题

1. 反应时为什么要控制冷凝管上端的温度在 100～110 ℃？
2. 用苯胺作原料进行苯环上的某些取代反应时，为什么常常先要进行酰化？

实验二十九

肉桂酸的制备

一、实验目的

1. 了解肉桂酸的制备原理和方法。
2. 掌握回流、水蒸气蒸馏等操作。

二、实验原理

芳香醛和酸酐在碱性催化剂作用下，可以发生类似羟醛缩合的反应，生成 α,β-不饱和芳香酸，称为普尔金（Perkin）反应。催化剂通常是相应酸酐的羧酸钾或钠盐，有时也可用碳酸钾或叔胺代替，典型的例子是肉桂酸的制备。

$$C_6H_5CHO+(CH_3CO)_2O \xrightarrow[170\sim180℃]{CH_3CO_2K} C_6H_5CH{=\!\!=}CHCO_2H+CH_3CO_2H$$

碱的作用是促使酸酐的烯醇化，用碳酸钾代替醋酸钾，反应周期可明显缩短。

工业上，也以铜盐、银盐为催化剂，用空气氧化肉桂醛或在钴催化剂和水存在下，以芳烃为溶剂，使肉桂醛氧化成肉桂酸。

三、仪器与试剂

1. 仪器：电子天平、循环水式真空泵、电热套、圆底烧瓶、水式蒸气蒸馏装置、回流冷凝管、烧杯、布氏漏斗、量筒、温度计等。

2. 试剂：苯甲醛、乙酸酐、无水碳酸钾、氢氧化钠、浓盐酸、刚果红试纸等。

【物理常数及化学性质】

苯甲醛：分子量 106.12，沸点 179 ℃，$d_4^{20}1.0460$，$n_D^{20}1.5455$。微溶于水，与乙醇、乙醚和氯仿混溶。本品有一定的毒性，应避免与皮肤接触。

乙酸酐：分子量 102.09，沸点 139℃，$n_D^{20}1.3904$。溶于氯仿和乙醚，低毒，易燃，有腐蚀性，有催泪性，勿接触皮肤或眼睛，以防引起损伤。

肉桂酸：分子量 148.16，沸点 300 ℃，熔点 133.0 ℃，$d_4^{20}1.2475$。不溶于冷水，微溶于热水，溶于乙醇、乙醚和丙酮。本品低毒，对眼睛、呼吸系统和皮肤有刺激性。

四、实验步骤

在 50 mL 圆底烧瓶中,分别加入 1.5 mL（0.015 mol）新蒸馏过的苯甲醛[1]、4 mL（0.042 mol）新蒸馏过的乙酸酐[2] 以及研细的 3.2 g（0.023 mol）无水碳酸钾。装上回流冷凝管,加热回流 30 min。由于有二氧化碳放出,初期有泡沫产生。

待反应物冷却后,加入 10 mL 温水,改为水蒸气蒸馏,蒸出未反应完的苯甲醛。将烧瓶冷却,加入适量（约 10 mL）10％氢氧化钠溶液,以保证所有的肉桂酸成钠盐而溶解。混合物抽滤,滤液移入 250 mL 烧杯中,冷却至室温,搅拌下用浓盐酸酸化至刚果红试纸变蓝。充分冷却,抽滤,用少量水洗涤沉淀,抽干。粗产品在空气中晾干,产量约 1.5 g,产率约 68％。粗产品可用 5∶1 的水-乙醇重结晶。

本实验约需 4～5 h。

五、附注

　　[1] 苯甲醛放久了,由于自动氧化而生成较多量的苯甲酸。这不但影响反应的进行,而且苯甲酸混在产品中不易除干净,将影响产品的质量,故本实验所需的苯甲醛要事先蒸馏。

　　[2] 乙酸酐放久了,由于吸潮和水解将转变为乙酸,故本实验所需的乙酸酐必须在实验前重新蒸馏。

六、思考题

　　1. 具有何种结构的醛能进行 Perkin 反应?

　　2. 用水蒸气蒸馏除去什么?

实验三十

正丁醚的制备

一、实验目的

　　1. 掌握由正丁醇制备正丁醚的实验方法。

　　2. 进一步掌握分水器的实验操作。

二、实验原理

在实验室和工业上都采用正丁醇在浓硫酸催化剂存在下脱水制备正丁醚。在制备正丁醚时,由于原料正丁醇（沸点 117.7 ℃）和产物正丁醚（沸点 142 ℃）的沸点都较高,故可使反应在装有分水器的回流装置中进行,控制加热温度,并将生成的水或水的共沸物不断蒸出。虽然蒸出的水中会夹有正丁醇等有机物,但是由于正丁醇等在水中溶解度较小,密度比水小,浮于水层之上,因此借分水器可使绝大部分的正丁醇等自动连续地返回反应瓶中,而水则沉于分水器的下部,根据蒸出水的体积,可以估计反应的进行程度。反应式为:

$$2CH_3CH_2CH_2CH_2OH \xrightarrow[134\sim135℃]{H_2SO_4} CH_3CH_2CH_2CH_2OCH_2CH_2CH_2CH_3 + H_2O$$

主要副反应：

$$CH_3CH_2CH_2CH_2OH \xrightarrow[>135℃]{H_2SO_4} CH_3CH_2CH=CH_2 + H_2O$$

三、仪器与试剂

1. 仪器：电子天平、电热套、两口瓶、圆底烧瓶、分水器、分液漏斗、回流冷凝管、量筒、温度计等。

2. 试剂：正丁醇、浓硫酸、无水氯化钙等。

【物理常数及化学性质】

正丁醚：分子量 130.23，沸点 143.0 ℃，d_4^{20} 0.7689，n_D^{20} 1.3992。无色液体，不溶于水，与乙醇、乙醚混溶，易溶于丙酮。本品毒性较小，易燃，有刺激性。本品常用作树脂、油脂、有机酸、生物碱、激素等的萃取和精制溶剂。

四、实验步骤

在干燥的 50 mL 两口瓶中，加入 9 mL（0.1 mol）正丁醇、1.5 mL 浓硫酸和几粒沸石，摇匀。瓶口一侧安装温度计，温度计的水银球必须浸入液面以下，另一口装上分水器，分水器上端接一回流冷凝管，在分水器中放置 $(V-2)$ mL 水[1]。用电热套小心加热烧瓶，使瓶内液体微沸，回流分水。反应生成的水以共沸物的形式蒸出，经冷凝后收集在分水器下层，上层比水轻的有机相积累至分水器支管时返回反应瓶中[2]。当烧瓶内温度升至 135 ℃ 左右，分水器已全部被水充满时可停止反应，反应约需 1.5 h。

反应物冷却至室温，把混合物连同分水器里的水一起倒入盛有 25 mL 水的分液漏斗中，充分振摇，静置后弃去水层。有机层依次用 10 mL 50％硫酸分两次洗涤[3]、10 mL 水洗涤，然后用无水氯化钙干燥。将干燥后的产物滤入蒸馏瓶中蒸馏，收集 139～142 ℃馏分。产量为 2～3 g，产率约 40％。

五、附注

[1] 如果从醇转变为醚的反应是定量进行的话，那么反应中应该被除去的水的体积可以从下式来估算。

本实验用 0.1 mol 正丁醇脱水制正丁醚，那么应该脱去的水量是：

$$0.1 \text{ mol} \div 2 \times 18 \text{ g} \cdot \text{mol}^{-1} \div 1\text{g} \cdot \text{mL}^{-1} = 0.9 \text{ mL}$$

所以，在实验前应预先在分水器里加 $(V-1)$ mL 水，V 为分水器的容积，那么加上反应以后生成的水正好盛满分水器，从而使汽化冷凝后的醇正好溢流返回反应瓶中，从而达到自动分离的目的。

[2] 本实验利用恒沸点混合物蒸馏的方法将反应生成的水不断从反应中除去。正丁醇、正丁醚和水可能生成以下几种恒沸点混合物：

恒沸点混合物		沸点/℃	质量分数/%		
			正丁醚	正丁醇	水
二元	正丁醇-水	93.0	—	55.5	44.5
	正丁醚-水	94.1	66.6	—	33.4
	正丁醇-正丁醚	117.6	17.5	82.5	—
三元	正丁醇-正丁醚-水	90.6	35.5	34.6	29.9

反应开始后，生成的水以共沸物的形式不断排出，瓶内主要是正丁醇和正丁醚，反应物温度维持在 118~120 ℃，随着反应的进行，温度逐渐升高，反应后期温度可达到 140 ℃。分水器全部被水充满后即可停止反应。

[3] 用 50% 硫酸处理是基于丁醇能溶解于 50% 硫酸中，而产物正丁醚则很少溶解的原因。也可以用这样的方法来精制粗丁醚：待混合物冷却后，转入分液漏斗，仔细用 20 mL 2 mol·L⁻¹ 氢氧化钠洗至碱性，然后用 10 mL 水及 10 mL 饱和氯化钙溶液洗去未反应的正丁醇，然后如前法一样进行干燥、蒸馏。

六、思考题

1. 制备乙醚和正丁醚在反应原理和实验操作上有什么不同？

2. 为什么要将混合物倒入 25 mL 水中？各步洗涤的目的是什么？

3. 能否用本实验的方法由乙醇和 2-丁醇制备乙基仲丁基醚？你认为用什么方法比较合适？

实验三十一

正丁醛的制备

一、实验目的

1. 掌握由正丁醇氧化制备正丁醛的原理和方法。

2. 进一步巩固分馏柱的使用方法。

3. 学习通过反应物的投料比控制生成产物的种类。

二、实验原理

正丁醛为无色透明液体，有窒息性醛味。微溶于水，能与乙醇、乙醚、乙酸乙酯、丙酮、甲苯等多种有机溶剂混溶。正丁醛是重要的有机中间体，常用作树脂、塑料增塑剂、硫化促进剂、杀虫剂等的合成反应的中间体。

制备正丁醛的方法有丙烯羰基合成法、乙醛缩合法和丁醇氧化脱氢法。本实验采用丁醇氧化脱氢法，以重铬酸钠为氧化剂，反应原理如下：

主反应：

$$CH_3(CH_2)_2CH_2OH \xrightarrow[H_2SO_4]{Na_2Cr_2O_7} CH_3(CH_2)_2CHO + H_2O$$

副反应：

$$CH_3(CH_2)_2CHO \xrightarrow[H_2SO_4]{Na_2Cr_2O_7} CH_3(CH_2)_2COOH$$

三、仪器与试剂

1. 仪器：电子天平、电热套、三口瓶、圆底烧瓶、分水器、滴液漏斗、分液漏斗、分馏柱、直形冷凝管、锥形瓶、量筒、烧杯、温度计等。

2. 试剂：正丁醇、重铬酸钠、浓硫酸、无水硫酸镁、沸石等。

四、实验步骤

在烧杯中称取 15 g 重铬酸钠，加入 83 mL 水使其溶解。在仔细搅拌和冷却下，缓缓加入 11 mL 浓硫酸。将配制好的氧化剂溶液小心倒入滴液漏斗中。往 250 mL 三口烧瓶里加入 14 mL 正丁醇及几粒沸石。安装反应装置。

用小火将正丁醇加热至微沸，待蒸气上升刚好达到分馏柱底部时，开始滴加氧化剂溶液。注意滴加速度，使分馏柱顶部的温度不超过 78 ℃（约需 30 min）。同时，生成的正丁醛不断馏出。由于氧化反应是放热反应，在加料时需注意温度变化，控制柱顶温度不低于 71 ℃，又不高于 78 ℃。

当氧化剂全部加完后，继续用小火加热 15～20 min。收集所有在 95 ℃以下馏出的粗产物。将此粗产物倒入分液漏斗中，分去水层。把上层的油状物倒入干燥的小锥形瓶中，加入无水硫酸镁干燥。

将澄清透明的粗产物倒入 30 mL 蒸馏烧瓶中，投入几粒沸石。安装好蒸馏装置。在石棉网上缓慢地加热蒸馏，收集 70～80 ℃的馏出液。继续蒸馏，收集 80～120 ℃的馏分以回收正丁醇。产量约 3.5 g。

纯正丁醛为无色透明液体，沸点为 75.7 ℃，$d_4^{20}=0.8170$，$n_D^{20}=1.3843$。

五、思考题

1. 制备正丁醛有哪些方法？
2. 为什么本实验中正丁醛的产率低？

实验三十二

己二酸的制备

一、实验目的

1. 学习用环己醇氧化制备己二酸的原理和方法。
2. 掌握过滤、重结晶等操作技能。

二、实验原理

己二酸是合成尼龙-66 的主要原料之一，实验室可用硝酸或高锰酸钾氧化环己醇而制得。反应式为：

$$3 \bigcirc{-}OH + 8HNO_3 \xrightarrow[\triangle]{钒酸铵} 3HOOC—(CH_2)_4—COOH + 8NO + 7H_2O$$
$$\qquad\qquad\qquad\qquad\qquad\qquad\qquad\qquad \longrightarrow NO_2$$

脂环醇氧化生成酮，在强氧化剂硝酸作用下，继续氧化，碳环断裂，生成含相同碳原子数的二元羧酸。

三、仪器与试剂

1. 仪器：电子天平、电热套、圆底烧瓶、分水器、量筒、烧杯、温度计等。
2. 试剂：环己醇、硝酸、钒酸铵、氢氧化钠等。

【物理常数及化学性质】

环己醇：分子量 100.16，沸点 160.8 ℃，$n_D^{20} 1.4641$，无色透明油状液体或白色针状结晶，有似樟脑气味。低毒，有刺激性。微溶于水，可混溶于乙醇、乙醚、苯、乙酸乙酯、二硫化碳、油类等。本品用来制取增塑剂、表面活性剂以及用作工业溶剂等，也用作溶剂和乳化剂。

四、实验步骤

在 50 mL 圆底烧瓶中，加入 5 mL 水，5 mL 硝酸[1]（0.08 mol）。将溶液混合均匀，在水浴中加热到 80 ℃ 左右（水浴沸腾），移去水浴，先滴入 1 滴环己醇，并加以摇振，反应开始后，瓶内反应物温度升高并有红棕色气体放出[2]。逐滴[3] 滴入其余的 2.1 mL 环己醇（2 g，0.02 mol）[4]，并注意不断摇振，使瓶内温度维持在 80 ℃ 左右。若温度过高或过低，可借冷水浴或热水浴加以调节。滴加完毕后（约需 15 min），再用沸水浴加热 2～3 min，至几乎无红棕色气体放出为止。将反应物小心倒入一个外部用冷水浴冷却的烧杯中，抽滤收集析出的晶体，用少量冰水洗涤[5]，粗产物干燥后为 1.8～2.2 g，熔点为 149～155 ℃。用水重结晶后，熔点为 151～152 ℃，产量约为 2 g。

纯己二酸为白色棱状晶体，熔点为 153 ℃。

五、附注

[1] 环己醇与浓硝酸切勿用同一量筒量取，二者相遇发生剧烈反应，甚至发生意外。

[2] 本实验应在通风橱内进行。因产生的二氧化氮是有毒气体，不可逸散在实验室内。

[3] 环己醇熔点为 25.9 ℃，熔融时为黏稠液体。为减少转移时的损失，可用少量水冲洗量筒并倒入环己醇中。在室温较低时，这样做还可降低其熔点，以免堵住漏斗。

[4] 此反应为强烈放热反应，切不可大量加入，以避免反应过于剧烈，引起爆炸。

[5] 不同温度下的己二酸溶解度见表 4-1。粗产物须用冰水洗涤，如浓缩母液可回收少

量产物。

表 4-1 不同温度下己二酸的溶解度

温度/℃	15	34	50	70	87	100
溶解度/(g/100gH$_2$O)	1.44	3.08	8.46	34.1	94.8	100

六、思考题

1. 为什么必须严格控制氧化反应的温度？

2. 为什么用冰水洗涤粗产品？在洗涤过程中用水量过多对实验结果有什么影响？

实验三十三

对甲苯磺酸的制备

一、实验目的

1. 通过对甲苯磺酸的制备，加深对磺化反应的理解。

2. 掌握回流分水装置的操作。

3. 熟悉加热回流、抽滤、结晶等操作技术。

二、实验原理

芳香族磺酸一般是用芳烃直接磺化的方法制得的。常用的磺化剂是浓硫酸、发烟硫酸、氯磺酸等。

磺化反应的难易与芳香族化合物的结构、磺化剂的种类和浓度以及反应温度有关。例如，甲苯较苯易于磺化，甲苯在一磺化反应时，低温下邻位产物比例增加，而高温下则主要得到对位产物。

以浓硫酸为磺化剂时，磺化反应是一个可逆反应

$$\text{ArH} + \text{H}_2\text{SO}_4 \Longleftrightarrow \text{ArHSO}_4 + \text{H}_2\text{O}$$

随着反应的进行，水量逐渐增加，硫酸浓度逐渐降低，这不利于磺酸的生成。通常采取增加浓硫酸用量的方法，以抑制逆反应，提高磺酸的产率。以发烟硫酸作为磺化剂，其磺化能力较强，反应速率较大，磺化反应可在较低的温度下进行。提高反应温度，固然可以增加磺化反应的速率，但温度过高有利于二磺化反应和砜的生成。因此，一磺化反应有时宁可采用较浓的酸而在较低的温度下进行。对甲苯的一磺化反应来说，在回流温度较低及甲苯大大过量的条件下，反应有利于对甲苯磺酸的生成。若把磺化反应中生成的水和甲苯形成的恒沸混合物从反应系统中除去，还能加速反应的进行。

主反应：

$$\text{CH}_3\!\!-\!\!\bigcirc\!\!-\!\!\text{H} + \text{HOSO}_3\text{H} \Longleftrightarrow \text{CH}_3\!\!-\!\!\bigcirc\!\!-\!\!\text{SO}_3\text{H} + \text{H}_2\text{O}$$

副反应：

$$CH_3-\langle\;\rangle+HOSO_3H \rightleftharpoons CH_3-\langle\;\rangle+H_2O$$
$$\qquad\qquad\qquad\qquad\qquad\qquad\quad SO_3H$$

三、仪器与试剂

1. 仪器：电子天平、循环水式真空泵、电炉、三口瓶、圆底烧瓶、分水器、布氏漏斗、回流冷凝管、量筒、烧杯、温度计、锥形瓶、毛细管等。

2. 试剂：甲苯、浓硫酸、浓盐酸、氯化钠。

【物理常数及化学性质】

甲苯：分子量 92.13，沸点 110.4 ℃，n_D^{20} 1.4967，无色易挥发的液体，气味类似苯。不溶于水，可混溶于苯、醇、醚等多数有机溶剂。低毒，易燃，有刺激性，高浓度气体有麻醉性。本品用作溶剂和高辛烷值汽油添加剂，是有机化工的重要原料。

四、实验步骤

按图 1-2(d) 回流分水装置安装好仪器[1]。

在 50 mL 圆底烧瓶内放入 12.5 mL 甲苯，一边摇动烧瓶，一边缓慢地加入 2.75 mL 浓硫酸，投入几根上端封闭的毛细管，毛细管的长度应能使其斜靠在烧瓶颈内壁为宜。加热回流 2 h 或至分水器中积存 1 mL 水为止。静置，待反应物稍冷却，趁热将反应物倒入 50 mL 锥形瓶内，加入 1 滴水，此时有晶体析出。用玻璃棒慢慢搅动，反应物逐渐变成固体。用布氏漏斗抽滤，用玻璃瓶塞挤压以除去甲苯和邻甲苯磺酸，得粗产物约 7.5 g。本实验到此约需 3 h。

若欲获得较纯的对甲苯磺酸，可进行重结晶。在 50 mL 烧杯（或大试管）里，将 12 g 粗产物溶于约 6 mL 水里。往此溶液里通入氯化氢气体[2]，直到有晶体析出。在通氯化氢气体时，要采取措施，防止倒吸[3]。析出的晶体用布氏漏斗快速抽滤。晶体用少量浓盐酸洗涤。用玻璃瓶塞挤压去除水分，取出后保存在干燥器里。

纯对甲苯磺酸水合物为无色单斜晶体，熔点为 96 ℃。对甲苯磺酸熔点为 104～105 ℃。

五、附注

[1] 回流分水操作，在进行某些可逆平衡反应时，为了使正向反应进行到底，可将反应产物之一不断从反应混合物体系中除去，常用与图 1-2(d) 和图 1-2(f) 类似的反应装置来进行此种操作。在图 1-2(d) 的装置中，有一个分水器，回流下来的蒸气冷凝液进入分水器，分层后，有机层自动被送回烧瓶，而生成的水可从分水器中放出去。这样可使某些生成水的可逆反应进行到底。在图 1-2(f) 的装置中，反应产物可单独或形成恒沸混合物不断在反应过程中蒸馏除去，并可通过滴液漏斗将一种试剂逐渐滴加进去以控制反应速率或使这种试剂消耗完全。

[2] 此操作必须在通风橱内进行。产生氯化氢气体最常用的方法是：在广口圆底烧瓶里放入氯化钠，加入浓盐酸至浓盐酸的液面盖住氯化钠表面。配一橡胶塞，钻三个孔，一个孔

插滴液漏斗，一个孔插压力平衡管，一个孔插氯化氢气体导出管。滴液漏斗上口与玻璃平衡管通过橡胶塞紧密相连（不能漏气）。在滴液漏斗中放入浓硫酸。滴加浓硫酸，就产生氯化氢气体。

［3］为了防止倒吸，可以使气体通过一略微倾斜的倒悬漏斗让溶液吸收，漏斗的边缘有一半浸入溶液中，另一半在液面之上。

六、思考题

1. 按本实验的方法，计算对甲苯磺酸的产率时应以何原料为基准？为什么？
2. 利用什么性质除去对甲苯磺酸的邻位衍生物？
3. 在本实验条件下，会不会生成相当数量的甲苯二磺酸？为什么？

实验三十四

甲基橙的制备

一、实验目的

1. 通过甲基橙的制备学习重氮化反应和偶合反应的实验操作。
2. 学习用冰盐浴控制温度的方法。
3. 巩固抽滤、洗涤、重结晶等基本操作。

二、实验原理

甲基橙是一种酸碱指示剂，它是由对氨基苯磺酸与 N,N-二甲基苯胺的醋酸盐在弱酸性介质中偶合得到的。偶合首先得到的是嫩红色的酸式甲基橙，称为酸性黄，在碱性条件下酸性黄转变为橙色的钠盐，即甲基橙。制备甲基橙的反应式如下：

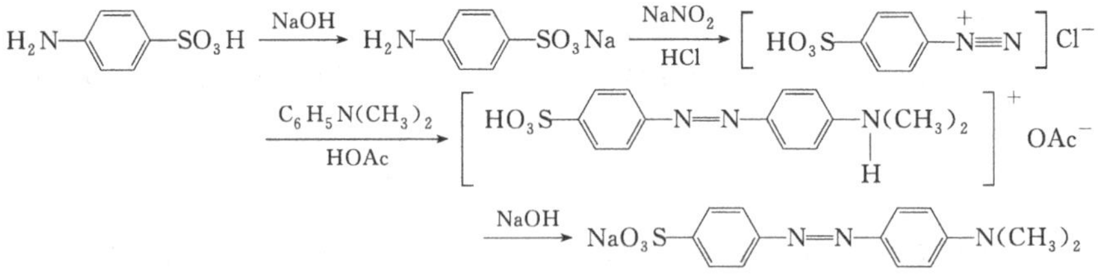

三、仪器与试剂

1. 仪器：循环水式真空泵、烧杯、布氏漏斗、抽滤瓶、表面皿、电子天平等。
2. 试剂：对氨基苯磺酸、亚硝酸钠、N,N-二甲基苯胺、浓盐酸、氢氧化钠、乙醇、乙醚、醋酸、淀粉-碘化钾试纸等。

【物理常数及化学性质】

对氨基苯磺酸：分子量 173.20，熔点 280.0 ℃，灰白色粉末。在冷水中微溶，溶于沸水，微溶于乙醇、乙醚和苯，有明显的酸性，能溶于氢氧化钠溶液和碳酸钠溶液。本品主要用于制造染料、印染助剂和防治麦类锈病及用作香料、食用色素、医药、增白剂、农药等中间体。

N,N-二甲基苯胺：分子量121.18，沸点193.1 ℃，浅黄色油状液体，有特殊气味。易溶于乙醇、乙醚、三氯甲烷。能随水蒸气挥发，但不溶于水。遇明火、高热或与氧化剂接触，有引起燃烧爆炸的危险。本品主要用作染料中间体、溶剂、稳定剂、分析试剂。

四、实验步骤

1. 重氮盐的制备

在250 mL烧杯中放置10 mL 5‰氢氧化钠溶液及2.1 g对氨基苯磺酸晶体，温热使其溶解。另溶0.8 g亚硝酸钠于6 mL水中，加入上述烧杯内，用冰盐浴冷至0～5 ℃。在不断搅拌下，将3 mL浓盐酸与10 mL水配成的溶液缓缓滴加到上述混合溶液中，并控制温度在5 ℃以下。滴加完后用淀粉-碘化钾试纸检验，然后在冰盐浴中放置15 min以保证反应完全。

2. 偶合

在试管内混合1.2 g N,N-二甲基苯胺和1 mL醋酸，在不断搅拌下，将此溶液慢慢加到上述冷却的重氮盐溶液中。加完后，继续搅拌10 min，然后慢慢加入25 mL 5‰氢氧化钠溶液，直至反应物变为橙色，这时反应液呈碱性，粗制的甲基橙呈细粒状沉淀析出。将反应物在沸水浴上加热5 min，冷却至室温后，再在冰水浴中冷却，使甲基橙晶体析出完全。抽滤收集结晶，依次用少量水、乙醇、乙醚洗涤，压干。

若想要得到较纯产品，可用溶有少量氢氧化钠（0.1～0.2 g）的沸水（每克粗产物约需25 mL）进行重结晶。待结晶析出完全后，抽滤收集，沉淀依次用少量乙醇、乙醚洗涤，得到橙色的小叶片状甲基橙结晶，产量为2.5 g。

溶解少许甲基橙于水中，加几滴稀盐酸溶液，接着用稀的氢氧化钠溶液中和，观察颜色变化。

五、思考题

1. 什么叫偶合反应？试结合本实验讨论一下偶合反应的条件。

2. 在本实验中，制备重氮盐时为什么要把对氨基苯磺酸变成钠盐？本实验如将操作步骤改为先将对氨基苯磺酸与盐酸混合，再滴加亚硝酸钠溶液进行重氮化反应，可以吗？为什么？

3. 试解释甲基橙在酸碱介质中的变色原因，并用反应式表示。

第五章 非常规条件的有机合成方法

微波辐射下 β-萘甲醚的制备

一、实验目的

1. 了解微波加热在有机合成中的应用。
2. 掌握脱水制醚的反应原理和方法。
3. 掌握微型蒸馏、吸滤、重结晶的基本操作。

二、实验原理

微波是频率大约在 300MHz～300GHz，即波长在 1mm 到 1m 范围内的电磁波。其波长位于电磁波谱的红外和无线电波之间。自 1986 年 Gedye 教授首次将商用微波炉用于苯甲酸的酯化反应以来，微波技术被广泛用于狄尔斯-阿尔德（Diels-Alder）反应、酯化反应、O-烷基化反应、羟醛缩合（Aldol）反应、雷福尔马茨基（Reformastky）反应、重排反应、加成反应、催化氢化以及多种形成杂环的反应。微波加热具有三个特点：①在大量离子存在时能快速加热；②快速达到反应温度；③分子水平意义上的搅拌，耗时短、能耗低而效率高。

β-萘甲醚，又名橙花醚，为白色鳞片状结晶，有橙花味。可用作香皂的香料，也可用于合成炔诺孕酮和米非司酮等药物的中间体。工业上用 β-萘酚在硫酸催化下与过量甲醇反应，或由甲醇与 β-萘酚在加压下作用，或用硫酸二甲酯将 β-萘酚甲基化，或用相转移催化剂法合成，耗时 3～6 h。本方法采用结晶氯化铁作催化剂，微波加热快速简单地合成 β-萘甲醚。反应式为：

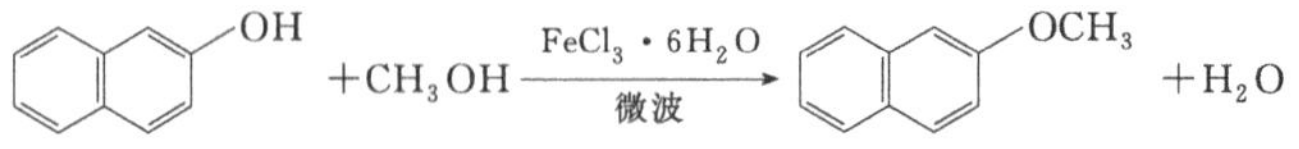

$$\text{（2-萘酚）} + CH_3OH \xrightarrow[\text{微波}]{FeCl_3 \cdot 6H_2O} \text{（2-甲氧基萘）} + H_2O$$

三、仪器与试剂

1. 仪器：电子天平、聚四氟乙烯反应釜、微波炉、显微熔点测定仪、循环水式真空泵、烧杯、布氏漏斗、抽滤瓶等。

2. 试剂：β-萘酚、无水甲醇、结晶三氯化铁、无水乙醚、无水乙醇、无水氯化钙、氢氧化钠等。

【物理常数及化学性质】

β-萘酚：分子量 144.18，沸点 286 ℃，熔点 122 ℃，d_4^{20}1.2170。不溶于冷水，溶于热水、乙醇、乙醚和氯仿，能升华。

无水甲醇：分子量 32.04，沸点 64.9 ℃，d_4^{20}0.7915，n_D^{20}1.3292。能与水、乙醇和乙醚混溶。毒性很强，对人体的神经系统和血液系统影响最大，其蒸气能损害人的呼吸道黏膜和视力。

结晶三氯化铁：分子量 270.30，熔点 37 ℃。溶于水、乙醇、乙醚和丙酮。具有腐蚀性，能引起烧伤。

β-萘甲醚：分子量 158.20，沸点 274 ℃，熔点 72 ℃。几乎不溶于水，微溶于醇，溶于氯仿。

四、实验步骤

将 0.70 g（5 mmol）β-萘酚与 1.10 g（34 mmol）无水甲醇放入聚四氟乙烯反应釜中，加入 0.15 g（0.55 mmol）结晶三氯化铁，旋紧釜盖充分振荡使之完全溶解，放入微波炉中，用 280 W 微波辐射 10 min[1]，将反应釜取出冷却至室温，开釜加入 5 mL 水，用 10 mL 无水乙醚分两次萃取，醚层分别用 10% NaOH 溶液[2] 和 5 mL 水洗涤[3]。醚层以无水氯化钙干燥后在水浴上蒸去乙醚。冷却析出浅黄色晶体，再用 5 mL 热无水乙醇重结晶，得白色鳞片状晶体 0.47～0.55 g，产率 62%～72%。测定产品熔点（文献值为 72 ℃）。

本实验约需 4～5 h。

五、附注

［1］该反应的可能机理是：

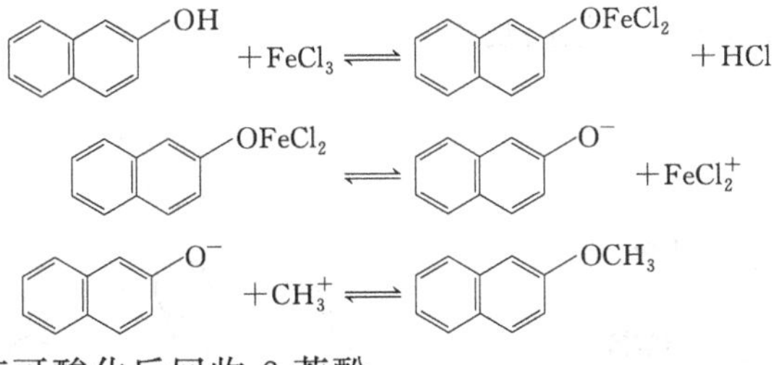

$$CH_3OH + FeCl_3 \rightleftharpoons CH_3^+ + FeCl_3(OH)^-$$

［2］NaOH 洗涤液可酸化后回收 β-萘酚。

［3］萃取后的水层可回收三氯化铁。

六、思考题

1. 微波加热功率的大小对产率是否有影响？

2. 萃取后的醚层为何要用 10% NaOH 溶液洗涤？

实验三十六

碘仿的电化学合成

一、实验目的

1. 了解有机电解合成的基本原理。
2. 初步掌握电化学合成的基本方法。
3. 学习半微量重结晶技术。

二、实验原理

碘仿（iodoform），其物态呈黄色有光泽片状结晶，又称黄碘，在医药和生物化学中作防腐剂和消毒剂。碘仿可以由乙醇或丙酮与碘的碱溶液而制得，也可用电解法制备。本实验以石墨棒作为电极，直接在丙酮-碘化钾溶液中进行电解反应，十分方便地制取碘仿。

阴极：
$$2H^+ + 2e^- \longrightarrow 2H_2$$

阳极：
$$2I^- \longrightarrow I_2 + 2e^-$$
$$I_2 + 2OH^- \Longleftrightarrow IO^- + I^- + H_2O$$

$$\underset{\substack{O \\ \|}}{CH_3CCH_3} + 3IO^- \longrightarrow CH_3COO^- + CHI_3 \downarrow + 2OH^-$$

副反应：
$$3IO^- \longrightarrow IO_3^- + 2I^-$$

三、仪器与试剂

1. 仪器：电子天平、磁力搅拌器、电解槽、显微熔点测定仪、循环水式真空泵、烧杯、布氏漏斗、抽滤瓶、滤纸等。

用 150 mL 烧杯作为电解槽，以两根石墨棒作为电极[1]，垂直地固定在安放于烧杯杯口上端的有机玻璃板上（见图 5-1）。两电极间的距离为 3 mm 左右[2]。

注意，两电极靠得太近易发生短路现象。

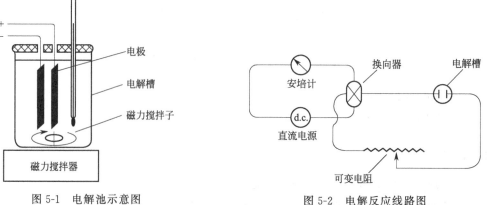

图 5-1 电解池示意图　　　　　　　　图 5-2 电解反应线路图

电极下端距烧杯底约 1～1.5 cm，以便磁力搅拌器搅拌。电极上端经过可变电阻、电流换向器及安培计与直流电源（电流≥1 A，可调电压 0～12 V）相连接（见图 5-2）。

2. 试剂：碘化钾、丙酮、乙醇等。

【物理常数及化学性质】

碘化钾：分子量 166.01，熔点 680 ℃。溶于水、乙醇、丙酮和甘油，不溶于乙醚。医学上用来防治甲状腺肿大。应避免与眼睛及皮肤接触。

丙酮：分子量 58.08，沸点 56.5 ℃，d_4^{20} 0.7899，n_D^{20} 1.3588，与水、乙醇、乙醚和氯仿混溶，高度易燃。

碘仿：分子量 393.73，沸点 218 ℃（分解），熔点 119 ℃。难溶于水，易溶于乙醇、乙醚和丙酮，能升华，用作消毒剂和防腐剂。

四、实验步骤

向电解槽中加入 100 mL 蒸馏水、3.3 g（0.02 mol）碘化钾，充分搅拌使固体溶解，然后加入 1 mL（0.8 g，0.014 mol）丙酮。打开磁力搅拌器[3]，接通电解电源，将电流调至 1 A，在电解过程中，电极表面会逐渐蒙上一层不溶性产物，使电解电流降低，这时可通过换向器改变电流方向，使电流保持恒定[4]。电解液 pH 逐渐增大至 8～10。反应过程中，电解温度维持在 20～30 ℃。电解 1 h，切断电源，停止反应。

电解液经过滤，收集碘仿晶体。黏附在烧杯壁上和电极上的碘仿可用水洗入漏斗滤干，再用水洗一次，即得粗产物。

粗产物可用乙醇作为溶剂进行重结晶。产物干燥后，称量，测熔点并计算产率。

本实验约需 4～5 h。

五、附注

[1] 从旧电池中拆出石墨棒作为电极，其中以选用 1 号电池的石墨棒为宜，电极表面积越大，反应速率越大。

[2] 为了减少电流通过介质的损失，两电极应尽可能地靠近。

[3] 也可以采用人工搅拌，但要小心，不要触动电极。

[4] 如果没有配置换向器，可以暂时切断电源，用清水洗净电极表面后再接通电源继续电解。

六、思考题

1. 从本实验电极反应式可知，每产生 1 mol 碘仿分子，需 6 mol 电子参与反应，即理论上需要通过电解槽的电量为 6×96500 C。如果本实验电解反应 1 h，电流为 1 A，则通过的电量 $Q = 1 \times 60 \times 60$ C。电解合成一定量的产物，理论上所需电量（Q_t）与实际消耗电量（Q_p）之比称为电流效率（η_i），试根据电解条件和实验结果计算电流效率（$\eta_i = Q_t / Q_p$）。

2. 本电解实验过程中，为什么电解液的 pH 会逐渐增大？

实验三十七

光化异构化及顺、反偶氮苯的分离

一、实验目的

1. 学习光化学合成基本原理。
2. 初步掌握光化学合成实验技术。

二、实验原理

由光的作用所引起的化学反应近年来已日益受到人们的重视，光合作用就是最重要的光化学反应。研究激发态分子化学行为的光化学已成为有机化学的一个重要分支。光不仅可以引起多种多样的化学反应，合成各种前所未有的奇妙分子，而且与我们日常生活及生命现象有着密切的联系。本实验列举了一个简单的光化学反应，以引起学生在这方面的兴趣。

偶氮苯最常见的形式是反式异构体。反式偶氮苯在光的照射下能吸收紫外光形成活化分子，活化分子失去过量的能量会回到顺式或反式基态。

生成的混合物的组成与所使用光的波长有关。当用波长 365 nm 的紫外光照射偶氮苯的苯溶液时，生成 90% 以上热力学不稳定的顺式异构体；若在阳光照射下则顺式异构体仅稍多于反式异构体。

三、仪器与试剂

1. 仪器：电子天平、紫外灯、烘箱、薄层板、干燥器、毛细管、试管、量筒等。
2. 试剂：偶氮苯、环己烷、苯等。

【物理常数及化学性质】

环己烷：分子量 84.16，沸点 79~81 ℃，d_4^{20} 0.777，n_D^{20} 1.4266。温度高于 75℃ 时能与无水乙醇、甲醇、苯、乙醚和丙酮等混溶，不溶于水。

偶氮苯：分子量 182.22，沸点 293 ℃，熔点 68~69 ℃，d_4^{20} 1.2。微溶于水，溶于乙醇、乙醚、和苯。本品有毒，能损伤肝脏。

四、实验步骤

1. 光化异构化

取 0.1 g 反式偶氮苯溶于 5 mL 无水苯中，将此溶液分别放于两个小试管中，置一个试管于太阳光下照射 1 h，或用波长为 365 nm 的紫外光照射 0.5 h。另一试管用黑纸包好，避免阳光照射，以便与光照后的溶液进行对比。

2. 异构体的分离——薄层色谱

将薄层板置于烘箱中，渐渐升温至 105～110 ℃，并在此温度恒温 0.5 h。再将薄层板自烘箱中取出，放在干燥器中冷却备用。

取管口平整的毛细管吸取光照后的偶氮苯溶液，在离薄层板边沿约 0.7 cm 的起点线上点样。再用另一毛细管吸取未经光照的反式偶氮苯溶液点样，两点之间的间距为 1 cm。待苯挥发后，将点好样品的薄层板放入内衬滤纸的展开槽中。展开槽中已放置由 3 体积环己烷和 1 体积苯组成的展开剂[1]。薄层板应与水平成 45°～60°角，点样端在下方，浸入展开剂的深度为 0.5 cm。待展开剂前沿上升到离板的上端约 1 cm 处时，取出色谱板，立即用铅笔在展开剂上升的前沿处画一记号，置于空气中晾干。可观察到色谱板上经光照后的偶氮苯溶液点样处上端有两个黄色斑点（哪一个斑点是顺式的？哪一个斑点是反式的？）。计算异构体的 R_f 值。

本实验约需 2 h。

五、附注

[1] 也可用 1,2-二氯乙烷作为展开剂。

六、思考题

1. 在薄层色谱实验中，为什么点样的样品斑点不可浸入展开剂的溶液中？
2. 当用混合物进行薄层色谱时，如何判断各组分在薄层上的位置？

实验三十八

苯片呐醇的制备

一、实验目的

1. 学习光化学合成基本原理。
2. 掌握光化学还原制备苯片呐醇的原理和方法。

二、实验原理

二苯酮的光化学还原是研究得较清楚的光化学反应之一。若将二苯酮溶于一种"质子给予体"的溶剂中，如异丙醇，并将其暴露在紫外光中时，会形成一种不溶性的二聚体——苯片呐醇。

还原过程是一个包含自由基中间体的单电子反应：

$$
\begin{array}{c}
\underset{C_6H_5}{\overset{C_6H_5}{C}}{=}O + \underset{H_3C}{\overset{H_3C}{C}}HOH \longrightarrow \underset{C_6H_5}{\overset{C_6H_5}{C}}\overset{OH}{\underset{\cdot}{C}} + \underset{H_3C}{\overset{H_3C}{C}}\overset{OH}{\underset{\cdot}{C}}
\end{array}
$$

苯片呐醇也可由二苯酮在镁汞齐或金属镁与碘的混合物（二碘化镁）作用下发生双还原来进行制备。

$$
2\ \underset{C_6H_5}{\overset{C_6H_5}{C}}{=}O \xrightarrow{Mg+I_2} \underset{(C_6H_5)_2C-O}{\overset{(C_6H_5)_2C-O}{}}\hspace{-0.5em}Mg \xrightarrow{H_2O} \underset{(C_6H_5)_2C-OH}{\overset{(C_6H_5)_2C-OH}{}}
$$

三、仪器与试剂

1. 仪器：电子天平、恒温水浴锅、循环水式真空泵、圆底烧瓶、量筒等。
2. 试剂：二苯酮、异丙醇、醋酸等。

【物理常数及化学性质】

二苯酮：分子量 182.22，沸点 305 ℃，熔点 49 ℃，d_4^{20} 1.083，n_D^{20} 1.5975。不溶于水，溶于乙醇、乙醚和氯仿。能升华，该品对眼睛、呼吸系统及皮肤有刺激性。

苯片呐醇：分子量 366.46，熔点 189 ℃。易溶于沸腾冰乙酸，溶于沸苯，在乙醚、二硫化碳、氯仿中溶解度极大。

四、实验步骤

在 25 mL 圆底烧瓶[1]（或大试管）中加入 2.8 g（0.015 mol）二苯酮和 20 mL 异丙醇，在水浴上温热使二苯酮溶解。向溶液中加入 1 滴冰醋酸[2]，再用异丙醇将烧瓶充满，用磨口塞或干净的橡皮塞将瓶塞紧，尽可能排除瓶内的空气[3]，必要时可补充少量异丙醇，并用细棉绳将塞子系在瓶颈上扎牢或用橡皮带将塞子套在瓶底上。将烧瓶倒置在烧杯中，写上自己的姓名，放在向阳的窗台或平台上，光照 1～2 周[4]。由于反应生成的苯片呐醇在溶剂中溶解度很小，随着反应的进行，苯片呐醇晶体从溶液中析出。待反应完成后，在冰浴中冷却使结晶完全。真空抽滤，并用少量异丙醇洗涤结晶。干燥后得到漂亮的小的无色结晶，产量 2～2.5 g，产率 36%～45%，熔点 187～189 ℃。

本实验约需 2～3 h（不包括照射时间）。

五、附注

[1] 光化学反应一般需在石英器皿中进行，因为需要透过比普通波长更短的紫外光的照射。而二苯酮激发的 n-π* 跃迁所需的照射波长约为 350 nm，这是易透过普通玻璃的波长。

〔2〕加入冰醋酸的目的是中和普通玻璃器皿中微量的碱。碱催化下苯片呐醇易裂解生成二苯甲酮和二苯甲醇，对反应不利。

〔3〕二苯甲酮在发生光化学反应时有自由基产生，而空气中的氧会消耗自由基，使反应减慢。

〔4〕反应进行的程度取决于光照情况。如阳光充足直射下 4 天即可完成反应；如天气阴冷，则需一周或更长的时间，但时间长短并不影响反应的最终结果。如用日光灯照射，反应时间可明显缩短，3～4 天即可完成。

六、思考题

1. 二苯酮和二苯甲醇的混合物在紫外光照射下能否生成苯片呐醇？若能生成苯片呐醇，写出其反应机理。

2. 试写出在氢氧化钠存在下，苯片呐醇分解为二苯酮和二苯甲醇的反应机理。

3. 反应前，如果没有滴加冰醋酸，会对实验结果有何影响？试写出有关反应式。

第六章 天然有机化合物提取

在化学领域，"天然有机化学"占有越来越重要的地位，特别是近几十年，发展相当迅速。有些天然有机化合物可直接作为药物、香料，有些则为新结构药物、农药的研究提供模型化合物。

分离、纯化、鉴别，最后得到纯品，一直是天然有机化学的重要课题。因为任何天然物质都是由很多复杂的有机物组成，从这一复杂的混合物中得到我们所要求的纯品，自然需要化学工作者进行很多的研究。近代分离，特别是仪器分析、鉴别技术，使这一研究工作得到长足发展。分离天然有机物的方法一般是将植物切碎研磨成均匀的细颗粒，然后用溶剂或混合溶剂萃取。如为挥发性天然有机物，可用气相色谱进行检定及分离，然而大多数天然有机物是难挥发的，常常在除去溶剂后，进一步处理以使混合物分离成各种纯的组分。有些天然有机物的纯品为结晶形化合物，除去部分溶剂后，结晶即从溶剂中析出，但这种情况较少。通常在萃取天然有机物时，除去溶剂后的残留液往往是油状或胶状物，可用酸或碱处理，使酸性或碱性组分从中性物质中分离出来。易挥发的化合物，则可将残液用水蒸气蒸馏使其与非挥发性物质分开。

纯化天然有机物目前较为有效的方法之一是各种色谱法。纸色谱与柱色谱对天然有机物具有很重要的作用。薄层色谱、制备性薄层色谱、液-液色谱以及气-液色谱等技术已越来越多地被用来被纯化天然有机物。

研究天然有机物的下一步工作，就是如何测定所分离出纯品的结构。经典的方法仍具有一定的重要性，如对各种官能团的定性试验，以及将此未知物化合降解成已知物质。近年来，质谱、红外光谱、核磁共振、紫外光谱等方法已使结构的测定大为方便。分离、纯化天然有机物时，根据对象的不同，选择不同的个体方法。

实验三十九

从茶叶中提取咖啡碱

一、实验目的

1. 认识咖啡碱的结构和提取方法。
2. 掌握索氏提取器的操作。

二、实验原理

咖啡碱（又称咖啡因，caffeine）具有刺激心脏、兴奋大脑神经和利尿等作用，主要用作中枢神经兴奋药。它也是复方阿司匹林（A、B、C）等药物的组分之一。现代制药工业多用合成方法来制得咖啡碱。

茶叶中含有多种生物碱，其中咖啡碱含量约占1％～5％，单宁酸（或称鞣质）约占11％～12％，色素、纤维素、蛋白质等约占0.6％。咖啡碱是弱碱性化合物，易溶于氯仿（12.5％）、水（2％）、乙醇（2％）、热苯（5％）等。单宁酸易溶于水和乙醇，但不溶于苯。

咖啡碱为嘌呤的衍生物，化学名称是三甲基二氧嘌呤，其结构式：

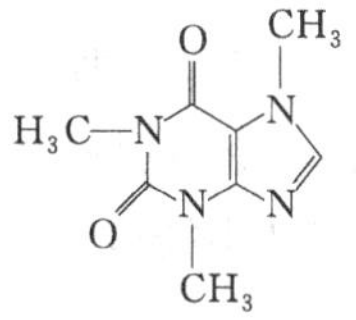

含结晶水的咖啡碱为白色针状结晶粉末，味苦。能溶于水、乙醇、丙酮、氯仿等。微溶于石油醚，在100℃时失去结晶水开始升华，120℃时升华相当显著，170℃以上升华加快。无水咖啡碱的熔点为238℃。

从茶叶中提取咖啡碱，是用适当的溶剂（氯仿、乙醇、苯等）在索氏提取器中连续抽提，然后浓缩而得到粗咖啡碱。粗咖啡碱中还含有一些其他的生物碱和杂质，可利用升华进一步提纯。

三、仪器与试剂

1. 仪器：电子天平、索氏提取器、电热套、循环水式真空泵、蒸馏装置、分液漏斗、玻璃漏斗、量筒、烧杯、蒸发皿、点滴板、美工刀等。

2. 试剂：茶叶（市售）、95％乙醇、生石灰粉、碳酸钙、浓盐酸、氯仿、浓氨水、碘、碘化钾、氯酸钾等。

四、实验步骤

1. 连续萃取法

称取茶叶末10 g，装入索氏提取器的滤纸套筒内[1]，在烧瓶中加入120 mL 95％的乙醇，用电热套加热。连续提取2～3 h[2]，待冷凝液刚刚虹吸下去时，立即停止加热。将提取液转入250 mL蒸馏瓶内，蒸馏回收大部分乙醇。然后把残液倾入蒸发皿中，加入3～4 g生石灰粉[3]，在电热套上蒸干。最后焙炒片刻，使水分全部除去[4]，冷却后，擦去沾在边上的粉末，以免升华时污染产物。

取一只合适的玻璃漏斗，罩在隔以刺有许多小孔的滤纸的蒸发皿上，用电热套小心加热升华[5]。当纸上出现白色针状结晶时，要适当控制电压或暂时关闭电源，尽可能使升华速度放慢，提高结晶纯度，如发现有棕色烟雾时，即升华完毕，停止加热。冷却后，揭开漏斗和滤纸，仔细地把附在滤纸上及器皿周围的咖啡碱结晶用小刀刮下，残渣经拌和后，再加热升华一次。合并两次升华收集的咖啡碱，测定熔点。如产品中带有颜色和含有杂质，也可用热水重结晶提纯。产品约45～65mg。实测熔点为236～238℃（文献值为238℃）。

2. 浸取法

在 250 mL 烧杯中加入 100 mL 水和碳酸钙粉末 3～4 g。称取 10 g 茶叶，用纱布包好后放入烧杯中煮沸 30 min，取出茶叶，压干，趁热抽滤，滤液冷却后用 15 mL 氯仿分两次萃取，萃取液合并（萃取液若浑浊，色较浅，则加少量蒸馏水洗涤至澄清），留作升华用。

（1）提取液的定性检验

取样品液滴于干燥的白色点滴板（或白色磁板）上，喷上酸性碘-碘化钾试剂，可见有棕色、红紫色、蓝紫色化合物生成。棕色表示有咖啡碱存在，红紫色表示有茶碱存在，蓝紫色表示有可可碱存在。

（2）咖啡碱的定性检验

取上述任一样品液 2～4 mL 置于蒸发皿中，加热蒸去溶剂，加盐酸 1 mL 溶解，加入氯酸钾 0.1 g，在通风橱内加热蒸发，待干，冷却后滴加浓氨水数滴，残渣即变为紫色。

用浸取法得到的提取液在通风橱内进行蒸发、升华实验，其步骤同连续萃取法。

本实验约需 5h。

五、附注

[1] 滤纸套大小既要紧贴器壁又要能方便放置，其高度不得超过虹吸管，滤纸包茶叶末时要严防漏出而堵塞虹吸管，滤纸套上面盖一层滤纸，以保证回流液均匀浸透被萃取物。

[2] 若提取液颜色很淡，即可停止提取。

[3] 生石灰起中和作用，以除去部分杂质。

[4] 如留有少量水分，会在下一步升华开始时带来一些烟雾。

[5] 升华操作是实验成功的关键，升华过程中始终都应严格控制加热温度，温度太高，会发生炭化，从而将一些有色物带入产品。再升华时，也要严格控制加热温度。

六、思考题

1. 本实验中生石灰的作用有哪些？

2. 除可用乙醇萃取咖啡碱外，还可采用哪些溶剂萃取？

3. 索氏提取器提取有什么优点？如何提高萃取的效率？

4. 升华适用于哪些物质的纯化？

实验四十

从黑胡椒中提取胡椒碱

一、实验目的

1. 认识胡椒碱的结构。

2. 掌握胡椒碱的提取原理与方法。

二、实验原理

黑胡椒具有香味和辛辣味，是菜肴调料中的佳品。黑胡椒中含有大约 10％的胡椒碱和少量胡椒碱的几何异构体佳味碱。黑胡椒的其他成分为淀粉（20％～40％）、挥发油（1％～3％）、水（8％～12％）。胡椒碱为 1，4-二取代丁二烯结构：

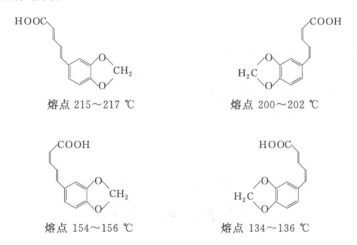

将磨碎的黑胡椒用乙醇加热回流，可以方便地萃取胡椒碱。在乙醇的粗萃取液中，除了含有胡椒碱和佳味碱外，还有酸性树脂类物质。为了防止这些杂质与胡椒碱一起析出，把稀的氢氧化钾醇溶液加至浓缩的萃取液中使酸性物质成为钾盐而留在溶液中，从而避免胡椒碱与酸性物质一起析出，达到提纯胡椒碱的目的。

酸性物质主要是胡椒酸，它是下面四种异构体中的一种，只要测定水解所得胡椒酸的熔点，就可判断其立体结构。

熔点 215～217 ℃　　　　　　　熔点 200～202 ℃

熔点 154～156 ℃　　　　　　　熔点 134～136 ℃

三、仪器与试剂

1. 仪器：电子天平、循环水式真空泵、索氏提取器、圆底烧瓶、烧杯、回流冷凝管、蒸馏装置、布氏漏斗、抽滤瓶、量筒等。

2. 试剂：黑胡椒（市售）、95％乙醇、氢氧化钾、丙酮等。

四、实验步骤

将 15 g 磨碎的黑胡椒和 150～180 mL 95％乙醇放在圆底烧瓶中（用索氏提取器[1] 效果最好，所需溶剂量较少），装上回流冷凝管，缓慢加热回流 3 h[2]（由于沸腾混合物中有大量的黑胡椒碎粒，因此应小心加热，以免暴沸），稍冷后抽滤。滤液在水浴上加热浓缩（采用蒸馏装置，以回收乙醇），至残留物为 10～15 mL。然后加入 15 mL 温热的 2 mol·L^{-1} 氢氧化钾乙醇溶液，充分搅拌，过滤除去不溶物质。

将滤液转移到烧杯中，置于热水浴中，慢慢滴加 10～15 mL 水[3]，溶液出现浑浊并有黄色结晶析出。经冰水浴冷却[4]，过滤分离析出的胡椒碱沉淀，经干燥后重约 1 g，为黄色。粗产品用丙酮重结晶，得浅黄色针状体结晶，熔点为 129～130 ℃（文献值为 129～131 ℃）。

本实验约需 8 h。

五、注意事项

[1] 黑胡椒一定要用滤纸包好，以防固体漏出，堵塞虹吸管。滤纸筒包得不宜太紧，以防萃取不完全，以既能紧贴器壁，又能方便取放为宜。注意滤纸筒高度不能超过提取器虹吸管顶部，滤纸筒上部不能留有空隙。

[2] 萃取液颜色开始较深，为棕黄色，最后变为浅黄色。溶剂进入提取器内，烧瓶内溶剂量会逐渐减少，当从固体物质中提取出来的溶质较多时，加热温度过高会使溶质在瓶壁结垢或炭化，因此，一定要注意不断调节温度。

[3] 分离提纯滤液时，滴加水的量不能过多，以防其他物质析出。

[4] 用冰水浴冷却，有利于促进产品结晶析出。

六、思考题

1. 胡椒碱应归入哪一类天然化合物？
2. 实验得到的胡椒碱是否具有旋光性？为什么？
3. 试述索氏提取器的原理，它有哪些优点？
4. 加入氢氧化钾乙醇溶液的作用是什么？

实验四十一

从果皮中提取果胶

一、实验目的

1. 了解果胶的一般性质。
2. 学习从果皮中提取果胶的基本原理和方法。
3. 掌握提取有机物的原理和方法。

二、实验原理

果胶是植物胶，属于多糖类，存在于高等植物的叶、茎、根的细胞壁内，与细胞黏合在一起，尤其是果实及叶中的含量较多。在橙属水果的果皮和苹果渣、甜菜渣中都含有 20%～50% 的果胶。

各种果实、果皮中的果胶原通常以部分甲基化多缩半乳糖醛酸的钙或镁盐的形式存在，经稀盐酸水解，可以得到水溶性果胶，即多缩半乳糖醛酸的甲酯。因此，可以确定果胶的基本化学组成是半乳糖醛酸，为酸性物质。果胶是高分子聚合物，分子量为 20000～400000。果胶水解时，产生果胶酸和甲醇等。

果胶为粉末状物质，黄色或白色，无臭，尝起来具有黏稠感。果胶可用于制备果酱、果冻或胶状食物，作为结冻剂，饮料、食品添加剂及微生物培养基，亦可作为保护剂等。

三、仪器与试剂

1. 仪器：电子天平、循环水式真空泵、真空干燥箱、恒温水浴锅、温度计、布氏漏斗、抽滤瓶、烧杯、滤纸、精密 pH 试纸等。

2. 试剂：柑橘（市售）、95％乙醇、浓盐酸、活性炭等。

四、实验步骤

将精选的柑橘皮粉碎至 2～3 mm，用 60 ℃左右的热水洗涤两次，除去糖类等杂质，洒上水，晾干 24 h。称取 100 g 晾干后的物料，置于 300 mL 烧杯中，加 1500 mL 蒸馏水，并用盐酸将其 pH 调至 2.2，加热至 75 ℃[1]，在此温度下水解 20 h。此时果胶原水解并溶解在酸性溶液中，过滤，弃去滤渣，滤液用有机溶剂[2]初次沉淀出果胶。用水洗涤，加水溶解粗果胶，加 2 g 活性炭[3]，于 70 ℃下脱色 1 h。趁热过滤，将滤液置于 75 ℃下减压浓缩至约 70 mL 时，加乙醇再沉淀出果胶，过滤，用稀乙醇洗涤，沉淀物经低温真空干燥[4]，得胶状果胶。粉碎后即得果胶成品，产量为 20～21 g。

五、附注

[1] 制备果胶必须保持低温，整个过程不宜高于 75℃，否则颜色会变深。

[2] 用于沉淀的有机溶剂，应当选用无毒的，以保证果胶的安全使用。常用乙醇。

[3] 根据不同的用途，制备果胶有时不加活性炭脱色，因此操作较为简单。

[4] 果胶为高分子糖类，黏度大，成形较难，用真空喷淋干燥可得粉状物质，通常得粗粒状成品。

六、思考题

1. 除了本实验探索的因素外，还有哪些因素可能会影响果胶的提取？

2. 脱色时除了使用活性炭，还可以使用哪些吸附剂？

3. 沉淀果胶时，除了乙醇外，还可以使用其他试剂吗？

实验四十二

从黄连中提取黄连素

一、实验目的

1. 学习从中草药中提取生物碱的原理和方法。

2. 进一步熟悉蒸馏、减压过滤基本操作。

3. 掌握索氏提取器的使用方法。

二、实验原理

黄连素（也称小檗碱）属于生物碱，是中草药黄连的主要有效成分（其中含量为 4%～10%）。除黄连外，黄柏、白屈菜、伏牛花、三颗针等中草药中也含有黄连素，其中黄连和黄柏中含量最高。

黄连素有抗菌、消炎、止泻的功效，对急性菌痢、急性肠炎、百日咳、猩红热等各种急性化脓性感染和各种急性外眼炎症有较好的疗效。黄连素是黄色针状晶体，微溶于水和乙醇，较易溶于热水和热乙醇，几乎不溶于乙醚，熔点为 145 ℃。黄连素的盐酸盐、氢碘酸盐、硫酸盐、硝酸盐均难溶于冷水，易溶于热水，故可用水对其进行重结晶，从而达到纯化的目的。黄连素的结构以较稳定的季铵碱为主，其结构式为：

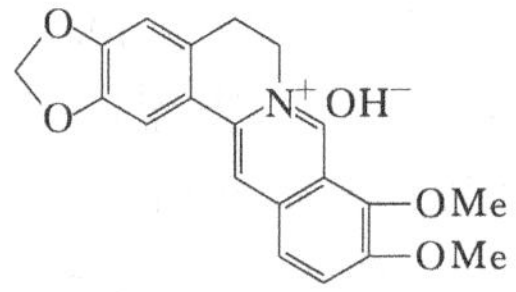

从黄连中提取黄连素，往往采用适当的溶剂（如乙醇、水、硫酸等），在索氏提取器中连续抽提，然后浓缩，再加酸进行酸化，得到相应的盐。粗产品可以采取重结晶等方法进一步提纯。

黄连素可被硝酸等氧化剂氧化，转变为樱红色的氧化黄连素。在强碱中黄连素部分转化为醛式黄连素，在此条件下，再加几滴丙酮，即可发生缩合反应，生成丙酮与醛式黄连素缩合的黄色沉淀产物。

三、仪器与试剂

1. 仪器：电子天平、电热套、循环水式真空泵、恒温水浴锅、索氏提取器、布氏漏斗、抽滤瓶、圆底烧瓶、烧杯、锥形瓶、温度计、量筒、回流冷凝管、普通蒸馏装置等。

2. 试剂：黄连粉（市售）、95%乙醇、浓盐酸、醋酸、丙酮、石灰乳、氢氧化钠、浓硫酸、浓硝酸、沸石等。

四、实验步骤

1. 提取

在索氏提取器提取瓶中加入两粒沸石，然后将其安装在铁架台上。称取 10 g 已磨细的黄连粉末，装入滤纸筒[1] 内，轻轻压实，滤纸筒上口可塞一团脱脂棉。置于提取筒中，将提取筒插入圆底烧瓶瓶口内，从提取筒上口加入 95%乙醇至虹吸管顶端，再加 15 mL（共 60～80 mL）乙醇。装上回流冷凝管，接通冷凝水，加热回流，连续提取 1～1.5 h，待冷凝液刚虹吸下去时，立即停止加热，冷却。

2. 蒸馏

回收乙醇并将仪器改装成蒸馏装置，蒸馏回收大部分乙醇（沸点为 78.5 ℃），直到残留物呈棕红色糖浆状。

3. 制备黄连素盐酸盐

向残留物中加入 1% 醋酸溶液 30 mL，加热溶解，趁热过滤，以除去不溶物[2]，再向溶液中滴加浓盐酸，至溶液浑浊为止（约需 10 mL），放置冷却（最好用冰水），即有黄色针状的黄连素盐酸盐析出。抽滤，结晶用冰水洗涤两次，再用丙酮洗涤一次，即得黄连素盐酸盐粗品。

4. 黄连素的提纯

在黄连素盐酸盐粗品中加入少量热水，再加入石灰乳，调节 pH 至 8.5～9.5，煮沸，使粗产品刚好完全溶解。趁热过滤，滤液自然冷却，即有黄色针状黄连素晶体析出。待晶体完全析出后，抽滤，结晶用冰水洗涤两次，烘干后用电子天平称量，检验。

5. 产品检验

① 取黄连素少许，加浓硫酸 2 mL，溶解后加几滴浓硝酸，即呈樱红色溶液。

② 取黄连素约 50 mg，加蒸馏水 5 mL，缓缓加热，溶解后加 20% 氢氧化钠溶液 2 滴，显橙色。冷却后过滤，滤液加丙酮 4 滴，即产生浑浊，放置后生成黄色的丙酮黄连素沉淀。

五、附注

[1] 滤纸筒的大小要适当，既要紧靠提取筒器壁，又能取放方便，其高度不得超过提取筒侧管上口，防止滤纸筒中黄连粉末漏出堵塞虹吸管。

[2] 滴加浓盐酸前，不溶物要去除干净，否则影响产品的纯度。

六、思考题

1. 制备黄连素盐酸盐时加入醋酸的目的是什么？
2. 根据黄连素的性质，还可以用其他方法提取黄连素吗？

实验四十三

从黄花蒿叶中提取青蒿素

一、实验目的

1. 学习青蒿素提取、纯化、鉴定的原理和方法，了解从植物中提取、纯化、鉴定天然产物的全过程。

2. 掌握减压蒸馏、结晶、柱色谱、薄层色谱、熔点测定等有机化学实验基本操作。

二、实验原理

青蒿素是从菊科植物黄花蒿（artemisia annua）中分离得到的抗疟有效成分，对疟原虫无性体具有迅速的杀灭作用，主要使疟原虫的膜系结构发生改变。青蒿素的分子式为 $C_{15}H_{22}O_5$，具体结构式如下：

青蒿素主要分布于黄花蒿叶中。各地黄花蒿叶中青蒿素的含量差异很大，本法的收率在0.3%以上。

青蒿素不溶于水，易溶于多种有机溶剂，在石油醚（或溶剂汽油）中有一定的溶解度，且其他成分溶出较少，经浓缩放置即可析出青蒿素粗晶，从而可将大部分杂质除去。

青蒿素的纯化可用稀醇重结晶法或柱色谱法。青蒿素的鉴定和纯度检查采用熔点测定、薄层色谱、红外光谱和质谱等。

三、仪器与试剂

1. 仪器：电子天平、循环水式真空泵、恒温水浴锅、梨形分液漏斗、色谱柱（ϕ1.2 cm×20 cm）、色谱筒（ϕ4.5 cm×12 cm）、玻片（3 cm×10 cm）、熔点测定管、温度计、量筒、吸量管、滴管、干燥器、锥形瓶、圆底烧瓶、蒸馏头、球形冷凝管（30 cm）、真空接收管、直形冷凝管、玻璃漏斗、吸滤瓶等。

2. 试剂：120#溶剂汽油、乙酸乙酯、石油醚（60～90 ℃）、乙醇、色谱硅胶（80～100 目）、硅胶 G（薄层色谱用）、黄花蒿叶等。

四、实验步骤

1. 从黄花蒿叶中提取青蒿素粗品

（1）青蒿素的浸出

称取黄花蒿叶[1] 粗粉 40 g，装入底部填充脱脂棉的 250 mL 梨形分液漏斗中，加入120#溶剂汽油 120 mL，浸泡 24 h。为了使浸出完全，浸泡过程中可用玻璃棒搅动 1～2 次。放出溶剂汽油浸泡液于 250 mL 锥形瓶中，加塞密封。继续加 80 mL 溶剂汽油[2] 浸泡24 h，放出溶剂汽油浸泡液。

（2）青蒿素粗品的析出

溶剂汽油浸泡液分两次装入 150 mL 圆底烧瓶中，于水浴上加热，水泵减压蒸馏回收溶剂汽油，至残留 3 mL 左右，趁热倒入 50 mL 锥形瓶中，用吸管吸取约 1 mL 溶剂汽油洗涤蒸馏瓶 1～2 次，洗涤液并入 50 mL 锥形瓶中，加塞，放置 24 h，使青蒿素粗晶析出。

2. 青蒿素的纯化

（1）青蒿素粗品的处理

溶剂汽油的浓缩液放置 24 h 后，青蒿素粗品基本析出完全，用滴管小心地将母液吸去，再用约 1 mL 溶剂汽油将青青蒿素粗晶洗涤 1～2 次，母液与洗涤液收集于收集瓶中，留取少量（米粒大）供纯度对比检查用，其余部分供柱色谱分离用。

（2）青蒿素粗品的柱色谱分离

① 色谱样的制备：取一支洁净、干燥的玻璃色谱柱，从上口装入一小团脱脂棉，用玻璃棒推至柱底铺平。将色谱柱垂直地固定在铁架上，管口放一玻璃漏斗，称取 5 g 80～100 目色谱硅胶，用漏

斗将其均匀地装入色谱柱内，用木块轻轻拍打铁架，使硅胶填充均匀、紧密，即得色谱样。

② 配洗脱剂：准确配制乙酸乙酯-溶剂汽油（体积比为 15∶85）混合液作为洗脱剂。

③ 样品上柱：青蒿素粗品用 1 mL 乙酸乙酯溶解，分次吸附在 1 g 80～100 目硅胶上，再用 0.5 mL 乙酸乙酯洗涤收集瓶，洗涤液也吸附在硅胶上，拌匀，待乙酸乙酯完全挥发后，将吸附了样品的硅胶加到色谱柱上。

④ 洗脱：用滴管吸取洗脱剂，分次加到色谱柱上进行洗脱，用 10 mL 锥形瓶分段收集，每份收集约 5 mL，直至青蒿素全部洗下（每份样品约需洗脱剂 40 mL）。

⑤ 回收溶剂、结晶：每份收集液用微型减压蒸馏回收溶剂至约 1 mL，将含青蒿素的组分合并，浓缩至约 3 mL，放置 24 h，使结晶析出，抽滤，100 ℃ 烘干，即得青蒿素纯品。

3. 青蒿素的鉴定和纯度检查

（1）薄层色谱鉴定

① 样品：青蒿素标准品的 0.5％乙醇溶液、青蒿素纯品的 0.5％乙醇溶液、青蒿素粗品的乙醇溶液。

② 薄层板：硅胶 G 板（实验前制备好）。

③ 展开剂：乙酸乙酯-石油醚（体积比为 1∶4）。

④ 显色剂：碘蒸气。

根据 R_f 值及斑点数目，鉴别青蒿素并判断青蒿素的纯度。

（2）熔点测定

青蒿素的熔点为 152～153 ℃（未校正）。

五、附注

［1］黄花蒿为青蒿的主要品种，值得注意的是，青蒿素的含量会随着存放时间的延长而逐年下降，因此现买现用较好。

［2］本实验所用溶剂均系易燃易爆品，因此在实验过程中，严禁明火，同时保持室内有良好通风条件，实验时间安排在气温较低的冬春季较好。

六、思考题

1. 青蒿素的主要用途是什么？
2. 试述青蒿素提取的基本原理。
3. 青蒿素的纯化、鉴定和纯度检查的方法有哪些？

实验四十四

从植物中提取天然香料

一、实验目的

1. 学习香料的基本知识。

2. 掌握水蒸气蒸馏法制取植物精油的方法、原理及装置。

二、实验原理

天然香料可以从大多数植物中提取得到。植物中天然香料的提取方法主要有水蒸气蒸馏法、压榨法和浸提法（萃取法）等。

1. 水蒸气蒸馏法

芳香成分多数具有挥发性，可以随水蒸气逸出，而且冷凝后因其水溶性很低而易与水分离。因此水蒸气蒸馏法是提取植物香料应用最广的方法。

2. 压榨法

蒸馏法提取温度较高，而压榨法可从果实（例如柠檬、柑橙等）中提取芳香油。此类果实的香味成分包藏在油囊中，用压榨机械将其压破即可将芳香油挤出，经分离和澄清可得到压榨油。压榨加工通常在常温下进行，精油中的成分很少被破坏，因而可以保持天然香味，但制得的油常带颜色而且含有蜡质。

3. 浸提法（萃取法）

浸提法（萃取法）适用于芳香组分易受热破坏和易溶于萃取溶剂[1]的香料。目前主要用于从鲜花中提取浸膏和精油。通常将鲜花置于密封容器内，用有机溶剂冷浸一段时间，然后将溶剂在适当减压下蒸馏回收，得到鲜花浸膏。这样得到的香料，其香气成分一般比较齐全，留香持久，但也含色素和蜡质，并且水溶性较差。必要时，萃取可在适当加热的条件下进行。

三、仪器与试剂

1. 仪器：电子天平、电热套、循环水式真空泵、高速离心机、恒温水浴锅、圆底烧瓶、三角瓶、恒压滴液漏斗、分液漏斗、回流冷凝管、布氏漏斗、抽滤瓶、研钵等。
2. 试剂：生姜、柑橘皮、茉莉花、石油醚（30～60 ℃）、沸石等。

四、实验步骤

1. 水蒸气蒸馏法提取姜油

称取生姜 50 g，洗净后先切成薄片，再切成小颗粒，放入 250 mL 圆底烧瓶中，加水 50 mL 和沸石 2～3 粒。在瓶上装有恒压滴液漏斗，漏斗上接回流冷凝管。将漏斗下端旋塞关闭，加热使烧瓶内的水保持较剧烈的沸腾，于是水蒸气夹带着姜油蒸气沿着恒压漏斗的支管上升进入冷凝管。从冷凝管回流下来的冷凝水和姜油落下，被收集在恒压漏斗中，冷凝液在漏斗中分离成油、水两相。每隔适当的时间将漏斗下端旋塞拧开，把下层的水排入圆底烧瓶中，姜油则总是留在漏斗中。如此重复操作多次，约经 2.5 h 后，降温，将漏斗内下层的水尽量分离出来，余下的姜油则作为产物移入回收瓶中保存。

用松针、香茅草、胡椒、柠檬叶、桉叶等代替生姜，可得到相应的精油，只是收率各不相同。

实验时间为 3.5 h。

2. 压榨法提取橙油

将新鲜柑橘皮的里层朝外，晒干或晾干（1～2 天）备用。取干柑橘皮 200 g，切成小颗粒，放入研钵中研烂，尽量将油水挤出（有条件的可用小型压榨机）。将榨出物用布氏漏斗抽滤，滤渣用少量水冲洗 1～2 次，抽滤至干。合并所有的油水混合物并将之移入试管中，用高速离心机进行离心分离。5 min 后停机，将橙黄的油层用吸管吸出。残液在适当加水搅拌后，再重复上述操作，离心分离一次。将两次得到的橙油合并，得到粗橙油。将粗橙油中所含上层清油吸出，得到质量较好的压榨橙油。

实验时间为 2～3 h。

3. 浸提法提取茉莉花浸膏

取新采摘的茉莉花在平面上铺开，风干一天备用。称取 300 g 茉莉花干花，装入 500 mL 的三角瓶中，加入约 400 mL 沸程为 30～60 ℃的石油醚至浸没全部茉莉花为止。塞好瓶塞后静置 24 h 以上，然后将浸提液移入圆底烧瓶中，水浴加热回收溶剂。为降低蒸馏温度，可使用水流喷射泵适度减压进行蒸馏（最好在旋转蒸发器中蒸馏），除去大部分溶剂后，降温，将残余物移入小烧瓶内，继续用水浴加热将溶剂完全蒸除。冷却后可得到油状或软膏状产物。

新采摘的鲜花不经风干同样可用于浸提，但带入的水分更多。

实验时间为 3～4 h（不含静置浸提时间）。

五、附注

[1] 用作萃取的有机溶剂，应当选用无毒的，以保证香料的安全使用。常用乙醇或者丙酮。

六、思考题

1. 除用水以蒸馏法提取有机组分外，还可以用哪些溶剂对有机组分进行提取？有何要求？

2. 举一个姜油的应用实例。

3. 植物天然香料通常有几种提取方法？

4. 如何提高天然香料的产率？

实验四十五

从银杏叶中提取黄酮类有效成分

一、实验目的

1. 了解银杏叶的主要成分。

2. 学习黄酮类有效成分的提取方法。

3. 进一步掌握索氏提取器、减压蒸馏、萃取的基本操作。

二、实验原理

银杏的果、叶、皮等均具有很高的药用价值和保健价值。银杏叶的提取物对于治疗脑部、周边血液循环障碍、神经系统障碍等有显著效果。

银杏叶的化学成分十分复杂，目前发现的已达 160 多种，银杏叶最重要的活性成分是黄酮类化合物和银杏内酯，此外还有有机酸类、酚类、聚戊烯醇类、原花青素类和营养成分等。黄酮类化合物由黄酮醇及其苷、双黄酮、儿茶素三类组成，它们具有广泛的生理活性。黄酮类化合物的结构复杂，黄酮类及其苷的结构式如下：

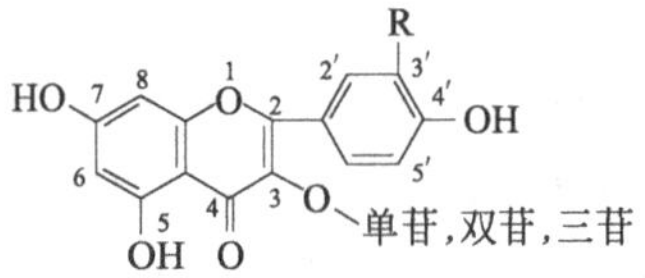

黄酮类化合物广泛分布于自然界中，它们是苯并吡喃酮（色酮）最重要的一类衍生物。黄酮分子 C_3 位上的氢被羟基取代，得到 3-羟基黄酮，它是黄酮类色素，存在于许多植物色素中。黄酮与黄烷酮是具有显著生理活性和药用价值的化合物，具有杀菌和消炎作用，在植物体内具有抗病作用，相当于植物卫士，但有的却是植物的毒素成分。目前提取银杏叶有效成分的方法主要有水蒸气蒸馏法、溶剂萃取法和超临界流体萃取法。

本实验采用溶剂萃取法提取银杏叶中黄酮类有效成分。

三、仪器与试剂

1. 仪器：电子天平、循环水式真空泵、索氏提取器、圆底烧瓶、蒸馏装置、分液漏斗等。

2. 试剂：银杏叶、95％乙醇、二氯甲烷、无水硫酸钠等。

四、实验步骤

称取干燥的银杏叶粉末 25 g，放入索氏提取器的滤纸筒中，在圆底烧瓶中加入够两次虹吸的 95％乙醇，连续提取至银杏叶颜色变浅（约需 2～3 h），停止提取。

将提取物转入蒸馏装置，去溶剂后得到膏状粗提取物。将粗提取物加入 120 mL 水中，搅匀，转入分液漏斗中，用二氯甲烷萃取三次[1]（每次 60 mL），萃取液用无水硫酸钠干燥，蒸去二氯甲烷，残留物干燥，称量，计算收率。

本实验约需 5 h。

五、附注

[1] 粗提取物的精制方法很多，如用 D101 树脂和聚酰胺树脂（质量比 1∶1）混合装柱，吸附，然后用 70％乙醇洗脱，经浓缩得到精制品。

六、思考题

1. 黄酮类物质有何药用价值？

2. 银杏叶中有效成分的提取方法主要有哪些？

实验四十六

从蛋黄中提取卵磷脂

一、实验目的

1. 学习从蛋黄中提取卵磷脂的实验方法。

2. 巩固抽滤等基本操作。

二、实验原理

蛋黄中卵磷脂含量较高，约8％。卵磷脂可溶于乙醇、氯仿而不溶于丙酮。卵磷脂可在碱性溶液中加热水解，得到甘油、脂肪酸、磷酸和胆碱，可从水解液中检查出这些组分。其分离提取的流程如下：

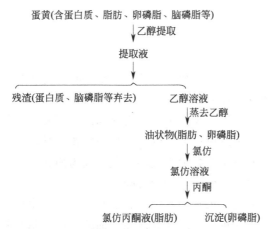

三、仪器与试剂

1. 仪器：电子天平、循环水式真空泵、研钵、布氏漏斗、蒸发皿、量筒、试管等。

2. 试剂：氢氧化钠、醋酸铅、硫酸铜、硫酸、95％乙醇、氯仿、丙酮、碘化铋钾、熟鸡蛋蛋黄等。

四、实验步骤

1. 卵磷脂的提取

① 取熟鸡蛋蛋黄两个，于研钵中研细，先加入15mL 95％乙醇研磨，再加入15 mL 95％乙醇充分研磨。抽滤，布氏漏斗上的滤渣经充分挤压滤干后，移入研钵中，再加15 mL 95％乙醇研磨。抽滤，滤干后，合并两次滤液。如浑浊可再过滤一次[1]，将澄清滤液移入蒸发皿内。

② 将蒸发皿置于沸水浴上加热，并不断搅拌蒸去乙醇至干[2]，得到黄色油状物。

③ 冷却后，加入 5 mL 氯仿，搅拌使油状物完全溶解[3]。

④ 在搅拌下慢慢加入 15 mL 丙酮，即有卵磷脂析出，搅动使其尽量析出[4]（溶液倒入回收瓶内）。

2. 卵磷脂的水解及其组成鉴定

（1）水解

取一支干燥大试管，加入提取的一半量的卵磷脂、5 mL 20％氢氧化钠溶液，放入沸水浴中加热 10 min[5]，并用玻璃棒搅拌，使卵磷脂充分水解。冷却后，在玻璃漏斗中用脱脂棉过滤，滤液供下面检查用。

（2）检查

① 甘油的检查：取试管一支，加入 1％硫酸铜溶液 1 mL 及 2 滴 20％氢氧化钠溶液，振摇，有氢氧化铜沉淀生成，加入 1 mL 水解液振摇，观察所得结果[6]。

② 胆碱的检查：取水解液 1mL，滴加硫酸使其酸化（以 pH 试纸试之），加入 1 滴克劳特试剂（碘化铋钾溶液），有砖红色沉淀生成。

③ 脂肪酸的检查：取脱脂棉上沉淀少许，加 1 滴 20％氢氧化钠溶液与 5 mL 水，用玻璃棒搅拌使其溶解，在玻璃漏斗中用脱脂棉过滤得澄清液，以硝酸酸化后加入 10％醋酸铅 2 滴[7]，观察溶液的变化。

五、附注

[1] 第一次抽滤时，因刚析出的醇中不溶物很细且有少许水分，滤出物浑浊，放置后继续有沉淀析出，需合并滤液，以原布氏漏斗（不换滤纸）反复滤清。

[2] 蒸去乙醇时，可能最后有少许水分，需搅动加速蒸发，务使蒸干。

[3] 黄色油状物干后，蒸发皿壁上沾的油状物一定要使其溶于氯仿，否则会带入杂质。

[4] 搅动时，析出的卵磷脂可黏附于玻璃棒上，成为团状。

[5] 加热促使胆碱分解，产生三甲胺的臭味。

[6] 生成的氢氧化铜沉淀，因水解液中的甘油与之反应，生成甘油铜，沉淀溶解。

[7] 加硝酸酸化，脂肪酸析出，溶液变浑浊，加醋酸铅有脂肪酸铅盐生成，浑浊进一步加重。

六、思考题

1. 分离蛋黄中卵磷脂的原理是什么？
2. 卵磷脂可以皂化，从结构分析应如何解释？

第七章　有机化学综合实验

综合性实验包括了多步制备、分离和提纯、结构表征等多项内容，是基础性实验的进一步延伸。综合性实验有助于学生对有机化学实验内容、操作技术进行全面的了解和掌握，有助于训练和培养学生对有机化学实验基本内容的综合运用能力，对培养学生的综合实验能力有较大的帮助。

实验四十七

己内酰胺的制备

一、实验目的

1. 掌握用环己醇的氧化反应制取环己酮的方法和原理，了解实验室制备环己酮肟的方法，并掌握实验室以贝克曼（Beckmann）反应制备己内酰胺的方法和原理，掌握环己酮肟发生贝克曼重排的历程。

2. 掌握高、低沸点蒸馏操作，掌握和巩固低温操作、干燥和减压蒸馏等基本操作。

二、实验原理

己内酰胺在液态下无色，在固态下为白色、片状，手触有润滑感，并有特殊的气味，具有吸湿性，易溶于水和苯等，受热发生聚合反应，遇火能燃烧。己内酰胺主要用于生产聚己内酰胺（尼龙 6）。聚己内酰胺又可加工为民用丝、工业丝、工程塑料等。

己内酰胺的合成先由环己醇氧化得到环己酮：

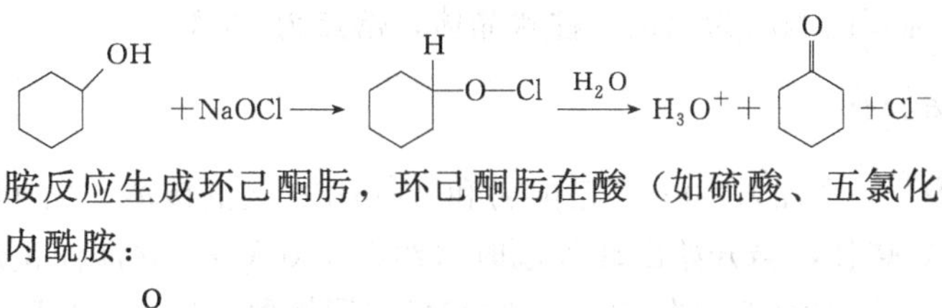

环己酮再与羟胺反应生成环己酮肟，环己酮肟在酸（如硫酸、五氯化磷）作用下，发生贝克曼重排生成己内酰胺：

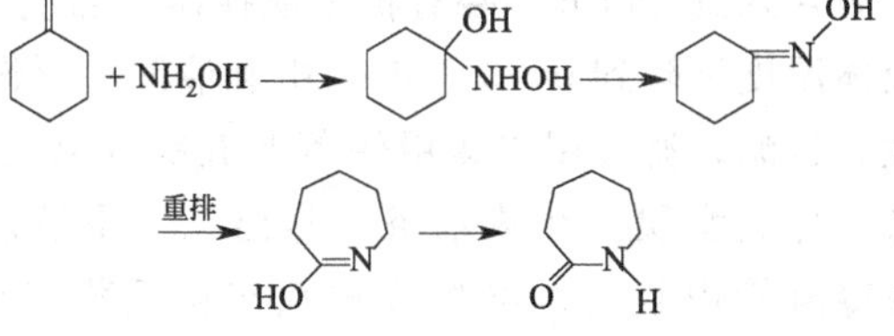

三、仪器与试剂

1. 仪器：电子天平、恒温水浴锅、机械搅拌器、循环水式真空泵、蒸馏装置、三口瓶、冷凝管、滴液漏斗、恒压漏斗、分液漏斗、布氏漏斗、抽滤瓶、干燥管、烧杯、锥形瓶等。

2. 试剂：环己醇、甲基叔丁基醚、盐酸羟胺、次氯酸钠、硫酸、氨水、二氯甲烷、乙酸、乙酸钠、无水碳酸钠、无水硫酸镁、亚硫酸氢钠、碳酸氢钠、氯化钠、淀粉-碘化钾试纸、沸石等。

四、实验步骤

1. 环己酮的制备

将 10.4 mL 环己醇和 25 mL 乙酸加入 250 mL 三口瓶中，连接实验装置并在冷凝管上口接一个装有粒状碳酸氢钠的干燥管。在搅拌下滴加 11% 次氯酸钠溶液[1]，控制滴加速率使反应温度保持在 30～35 ℃，滴加约 75 mL 后，反应混合物呈黄绿色，继续搅拌 5～6 min 观察反应混合物是否不褪色，或用淀粉-碘化钾试纸检查。如果反应混合物不再呈黄绿色，应继续滴加次氯酸钠溶液直至使淀粉-碘化钾试纸[2] 变为蓝色。然后再加入 5 mL 使次氯酸钠溶液过量。在室温下继续搅拌 15 min 后，滴加饱和亚硫酸氢钠溶液（1～5 mL）使反应混合物变为无色，此时淀粉-碘化钾试纸呈现原色。

把反应装置改为蒸馏装置，加入 60 mL 水和几粒沸石，蒸馏收集 100 ℃ 以前的馏分[3]（约 50 mL），分批向馏出液中加入无水碳酸钠，直至无气体产生为止（约需无水碳酸钠 6.5～7 g），再加入 10 g 氯化钠，搅拌 15 min，使溶液饱和。用分液漏斗分出环己酮放到 50 mL 锥形瓶中，水层用 25 mL 甲基叔丁基醚萃取，醚层与环己酮合并，用无水硫酸镁干燥。分出硫酸镁后，蒸馏回收甲基叔丁基醚，再收集 150～155 ℃ 馏分，即为产品环己酮。

2. 环己酮肟的制备

在 250 mL 锥形瓶中，放入 50 mL 水和 7 g 盐酸羟胺，摇动使其溶解。分批加入 7.8 mL 环己酮，摇动，使其溶解。在一烧杯中，将 10 g 结晶乙酸钠溶于 20 mL 水中，将此乙酸钠溶液滴加到上述溶液中，边加边摇动锥形瓶，即可得粉末状环己酮肟。为使反应进行完全，用橡皮塞塞紧瓶口，用力振荡约 5 min。把锥形瓶放入冰水浴中冷却。将粗产物用布氏漏斗抽滤，用少量水洗涤，尽量挤出水分。取出滤饼，放在空气中晾干。产物可直接用于贝克曼重排实验。

产量 7～8 g。纯环己酮肟为无色棱柱状晶体，熔点为 90 ℃。

3. 己内酰胺的制备

在 600 mL 烧杯[4] 中加入 10 g 环己酮肟和 20 mL 85% 的硫酸，搅拌使其充分混合；在石棉网上用小火加热烧杯，当开始出现气泡时（约在 120 ℃），立即停止加热，此时发生放热反应。待冷却后将此溶液转入到 250 mL 装有机械搅拌器、温度计和恒压漏斗的三口瓶[5] 中，用冰盐浴冷却，当液体温度下降到 0～5 ℃ 时，由滴液漏斗缓慢地加入 20% 氨水[6]，直至溶液对石蕊试纸呈碱性。过滤，滤液用二氯甲烷萃取五次（每次 20 mL），合并二氯甲烷萃取液。用 5 mL 水洗涤，分去水层。在热水浴上蒸出二氯甲烷后，用油浴加热，减压蒸馏。为了防止己内酰胺在冷凝管内凝结，可将接收瓶与克氏蒸馏头直接相连。收集 137～

140 ℃/1.6 kPa（12 mmHg）的馏分。

产量约 5 g。己内酰胺为白色小叶状结晶，熔点为 69～71℃。

五、附注

［1］应在通风橱内转移次氯酸钠溶液。

［2］用玻璃棒蘸少许反应混合物，点到淀粉-碘化钾试纸上，如果立即出现蓝色表明有过量的次氯酸钠存在。

［3］环己酮-水的共沸点为 95 ℃，低于 100 ℃的馏出液的主要成分为环己酮、水和少量的乙酸。

［4］贝克曼重排反应放热剧烈，故在大烧杯中反应以利于散热。反应在几秒内即完成，形成棕色略稠液体。

［5］反应体系必须与大气相同。可以采取的各种措施包括：在固定温度计的橡皮管上刻一沟槽，用有平衡管的滴液漏斗，用两口连接管等。

［6］氨水开始要缓慢滴加。中和反应温度控制在 10 ℃以下，避免在较高温度下发生水解。

六、思考题

1. 环己酮肟制备时为什么要加入乙酸钠？
2. 为什么要加入 20％氨水中和？
3. 滴加氨水时为什么要控制反应温度？

实验四十八

糖精钠的制备

一、实验目的

1. 学习高锰酸钾氧化法对烷基芳香烃的氧化原理和实验方法。
2. 掌握合成糖精钠的实验原理和方法。
3. 掌握搅拌器和滴液漏斗的使用，以及重结晶操作。

二、实验原理

邻磺酰苯甲酰亚胺，俗称糖精，微溶于水，但其钠盐却易溶于水，故被称为可溶性糖精。糖精钠是最古老的甜味剂，于 1878 年被发明，它的稀水溶液约比蔗糖甜 500 倍，食用后会有轻微的苦味。它既不能被人体代谢吸收，也无法供给热量，主要用作甜味剂，应用于食品工业和日化行业以及在电镀行业作为光亮剂使用。

糖晶钠的合成方法有很多，本实验采用甲苯作为原料，和氯磺酸进行氯磺化作用，得油状的邻甲苯磺酰氯，然后与氨发生酰胺化，经高锰酸钾氧化并在酸性条件下环化后得糖精，再与碳酸氢钠成盐，即得到糖精钠。反应合成路线如下：

邻甲苯磺酰氯的合成：

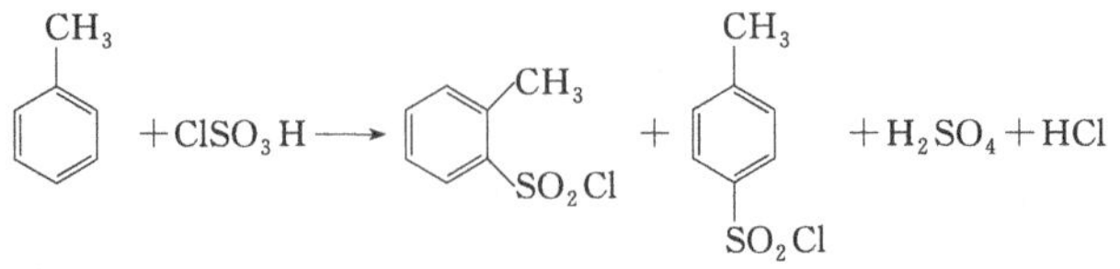

邻甲苯磺酰胺的合成：

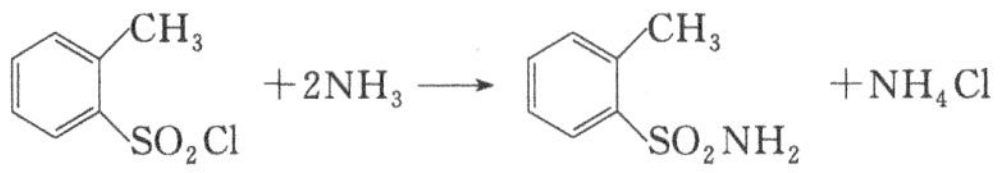

邻磺酰苯甲酰亚胺（糖精）的合成：

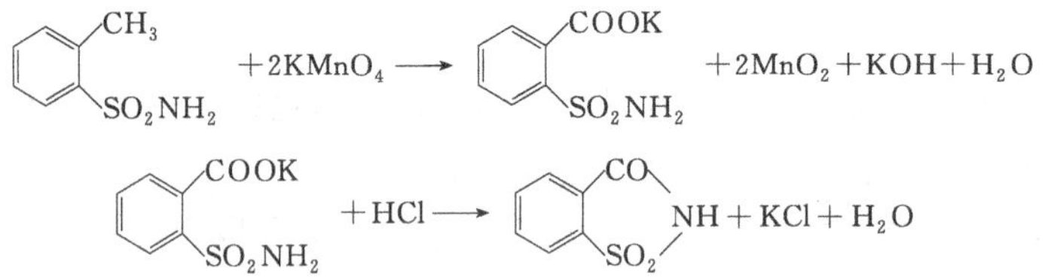

邻磺酰苯甲酰亚胺钠（糖精钠）的合成：

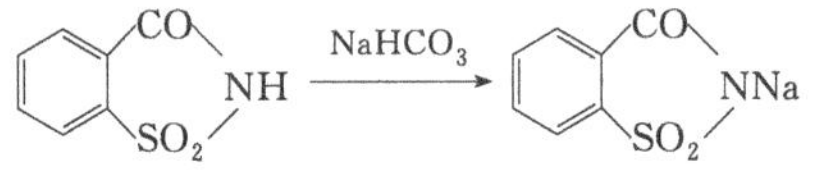

三、仪器与试剂

1. 仪器：电子天平、恒温水浴锅、机械搅拌器、循环水式真空泵、减压蒸馏装置、三口瓶、回流冷凝管、气体吸收装置、滴液漏斗、恒压漏斗、分液漏斗、布氏漏斗、抽滤瓶、干燥管、烧杯、量筒、锥形瓶、温度计等。

2. 试剂：氯磺酸、甲苯、氨水、高锰酸钾、氢氧化钠、亚硫酸氢钠、浓盐酸、碳酸氢钠、活性炭等。

四、实验步骤

1. 邻甲苯磺酰氯的制备

在 100 mL 三口瓶上安装好机械搅拌器、温度计、滴液漏斗和回流冷凝管。回流冷凝管上口和气体吸收装置相连。向瓶中迅速加入 22 mL 氯磺酸[1]。三口瓶外部使用冰水浴冷却至 0 ℃，开启搅拌，通过滴液漏斗滴加 12 mL 甲苯。在此期间，通过控制滴加速度，一直保持反应温度在 5 ℃以下[2]。滴加完毕后，在室温下搅拌 1 h。在 40~50 ℃水浴下加热搅拌，直到没有氯化氢气体再放出。冷却至室温，一边搅拌一边将瓶内的产物慢慢倒入盛有 80 mL 凉水的烧杯中。用少量冷水洗涤三口瓶。将残留物一并转移到烧杯中。将酸层倒出，分液，得到淡黄色油状液体，即邻甲苯磺酰氯和对甲苯磺酰氯的混合物[3]。用冰水洗涤 2 次。在 10~20 ℃的冰柜中冷却过夜，或者用冰盐浴冷却。对甲苯磺酰氯析出。抽滤，用少量冷水洗涤。滤饼是对甲苯磺酰氯，滤液中是邻甲苯磺酰氯。用氯仿将邻甲苯磺酰氯从滤液中萃取出来，再用冷水洗涤，分出有机层。用无水硫酸镁干燥。蒸除溶剂，再减压蒸馏，收集 126 ℃/1.3 kPa（10 mmHg）馏分，得到邻甲苯磺酰氯。

2. 邻甲苯磺酰胺的制备

在 100 mL 三口瓶上安装好机械搅拌器和滴液漏斗，向瓶中加入 22 mL 25％氨水。打开搅拌器，通过滴液漏斗滴加 20 g 邻甲苯磺酰氯，有白色糊状物析出，大约在 20 min 内滴加完毕。室温下，继续搅拌 1 h，结束反应。然后过滤，将沉淀用少量水洗涤，抽滤，干燥，得到粗邻甲苯磺酰胺。粗产物可用水或乙醇重结晶。干燥，称重，计算率。

3. 糖精的制备

在 250 mL 三口瓶上安装机械搅拌器和温度计，向瓶中加入 5 g 邻甲苯磺酰胺、80 mL 水和 1.2 g 氢氧化钠。开启搅拌，水浴加热，使邻甲苯磺酰胺在 40 ℃时全部溶解[4]。将 9.5 g 高锰酸钾分成十份，待溶液稍微冷却至 35 ℃时，分批加入溶液中。每次加料时要等到紫色消失后，再加下一批。反应开始时氧化速度快，紫色会迅速消褪，等反应到终点时，溶液不再褪色。保持温度在 35 ℃，继续搅拌 1.5 h。冷至室温，加入少量饱和亚硫酸氢钠溶液脱色[5]，直到溶液无色，大约需要 1 mL 左右。过滤，滤去二氧化锰沉淀。二氧化锰残渣用热水洗涤 3 次，每次用水 10 mL。将所有滤液合并，用稀盐酸酸化直至溶液 pH 为 4，有固体析出。过滤，除去未反应的邻甲苯磺酰胺，再用浓盐酸酸化，直到固体析出完全。抽滤、得到粗邻磺酰苯甲酰亚胺（糖精）。粗产物可用水重结晶。

4. 糖精钠的制备

向烧杯中加入 2 g 邻磺酰苯甲酰亚胺（糖精）和 30 mL 水，水浴加热至 40 ℃，一边搅拌一边慢慢滴加 10％的碳酸氢钠溶液，直到溶液 pH 达到 7。加入少许活性炭脱色，保持温度在 70～75 ℃之间，搅拌 10 min。趁热过滤，滤液在 70 ℃下浓缩，静置冷却，析出晶体。过滤，干燥后得到邻磺酰苯甲酰亚胺钠（糖精钠）。称重，计算产率。

五、附注

[1] 氯磺酸有强烈腐蚀性，遇水剧烈放热，产生大量氯化氢气体，所用仪器和药品必须干燥。

[2] 温度过高，会导致产物水解。

[3] 甲基是邻、对位定位基，在甲苯的氯磺化过程中，邻甲苯磺酰氯的产率约为 42％，对甲苯磺酰氯的产率约为 38％，利用溶解度不同可将二者分开。对甲苯磺酰氯的含量在混合物中的比例有可能不高，如果其结晶不易析出，可将混合物直接当作邻甲苯磺酰氯的粗产物。

[4] 搅拌加热 20 min 后，如果还有未溶解的邻甲苯磺酰胺，可以再加少量的氢氧化钠。

[5] 亚硫酸氢钠可以和高锰酸钾反应，从而除掉过量的高锰酸钾。

六、思考题

1. 在磺酰化反应前，若仪器和试剂含水，将对反应产生什么影响？

2. 在磺酰化结束后，为什么要将反应物倒入冰水中？

3. 通过什么原理分离邻甲苯磺酰氯和对甲苯磺酰氯？

4. 在邻甲苯磺酰胺的合成过程中，如果搅拌效果不好，会对实验产生什么影响？

5. 邻甲苯磺酰胺的粗产物中混有哪些杂质？如何除去？

6. 在糖精的合成后处理中，为什么要先用稀盐酸酸化？

7. 试比较邻甲苯磺酰胺和邻磺酰苯甲酰亚胺的碱性强弱，在实验过程中是如何利用这一性质分离纯化产物的？

8. 在糖精钠的合成中，如果反应温度偏高，反应时间过长，对实验有什么影响？

实验四十九

安息香缩合及安息香的转化

芳香醛在氰化钠（钾）作用下，分子间发生缩合生成 α-羟酮，称为安息香缩合反应。氰离子几乎是专一的催化剂。反应共同使用的溶剂是醇的水溶液。使用氰化四丁基铵作为催化剂，则反应可在水中顺利进行。安息香缩合最典型、最简单的例子是苯甲醛的缩合反应。

$$2C_6H_5CHO \xrightarrow[C_2H_5OH-H_2O]{CN^-} C_6H_5-\overset{\overset{OH}{|}}{CH}-\overset{\overset{O}{||}}{C}-C_6H_5$$

这是一个碳负离子对羰基的亲核加成反应，氰化钠（钾）是反应的催化剂，其机理如下：

$$C_6H_5-\overset{\overset{O}{||}}{C}-\overset{\overset{O}{||}}{C}-C_6H_5 \underset{}{\overset{OH^-}{\rightleftharpoons}} C_6H_5-\overset{\overset{O}{||}}{C}-\overset{\overset{\bar{O}}{|}}{\underset{C_6H_5}{C}}-OH \longrightarrow C_6H_5-\overset{\overset{\bar{O}}{|}}{C}-\overset{\overset{O}{||}}{\underset{C_6H_5}{C}}-OH \longrightarrow C_6H_5-\overset{\overset{OHO}{|}}{C}-\overset{\overset{O}{||}}{\underset{C_6H_5}{C}}-\bar{O}$$

其他取代芳醛如对甲基苯甲醛、对甲氧基苯甲醛和呋喃甲醛等也可以发生类似的缩合，生成相应的对称性二芳基羟乙酮。

从反应机理可知，当苯环上带有强的给电子基团如对二甲氨基苯甲醛或强的吸电子基团如对硝基苯甲醛等时，均很难发生安息香缩合反应。因为给电子基团降低了羰基的正电性，不利于亲核加成反应；而吸电子基团则降低了碳负离子的亲核性，同样不利于与羰基发生亲核加成反应。但分别带有给电子基团和吸电子基团的两种不同的芳醛之间则可以顺利发生混合的安息香缩合，并得到一种主要产物，即羟基连在含有活泼羰基芳香醛一端。例如：

$$C_6H_5CHO + (CH_3)_2N-\!\!\!\!\bigcirc\!\!\!\!-CHO \longrightarrow C_6H_5-\overset{\overset{OH}{|}}{CH}-\overset{\overset{O}{||}}{C}-C_6H_4N(CH_3)_2-p$$

除氰离子外，噻唑生成的季铵盐也可对安息香缩合起催化作用，如用有生物活性的维生素 B_1 的盐酸盐代替氰化物催化安息香缩合反应，反应条件温和、无毒且产率高。

维生素 B_1 又称硫胺素（thiamine），它是一种辅酶，作为生物化学反应的催化剂，在生命过程中起着重要作用。其结构如下：

绝大多数生化过程都是在特殊条件下进行的化学反应，酶的参与可以使反应更巧妙、更有效及在更温和条件下进行。硫胺素在生化过程中主要对 α-酮酸脱羧和形成偶姻（α-羟基酮）等三种酶促反应发挥辅酶的作用。从化学角度来看，硫胺素分子中最主要的部分是噻唑环。噻唑环 C_2 上的质子由于受氮和硫原子的影响，具有明显的酸性，在碱的作用下，质子容易被除去，产生的碳负离子作为反应中心，形成苯偶姻。其机理如下（为简便起见，以下反应只写噻唑环的变化，其余部分相应用 R 和 R′代表）：

① 在碱的作用下，产生的碳负离子和邻位带正电荷的氮原子形成稳定的两性离子——内慃盐或称叶立德（ylid）。

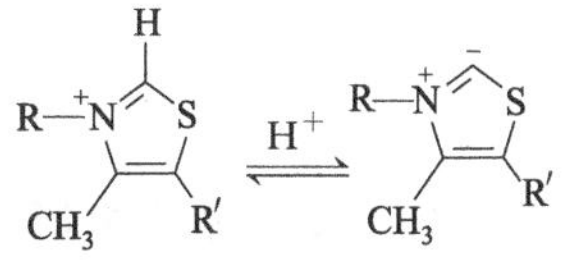

维生素B_1　　叶立德

② 噻唑环上的碳负离子与苯甲醛的羰基发生亲核加成，形成烯醇加合物，环上带正电荷的氮原子起调节电荷的作用。

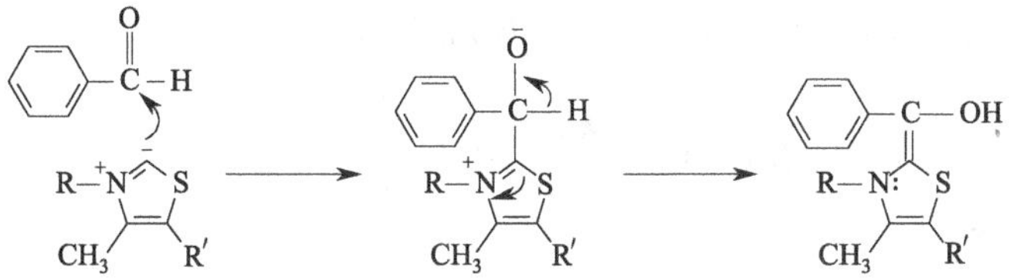

③ 烯醇加合物再与苯甲醛作用形成一个新的辅酶加合物。

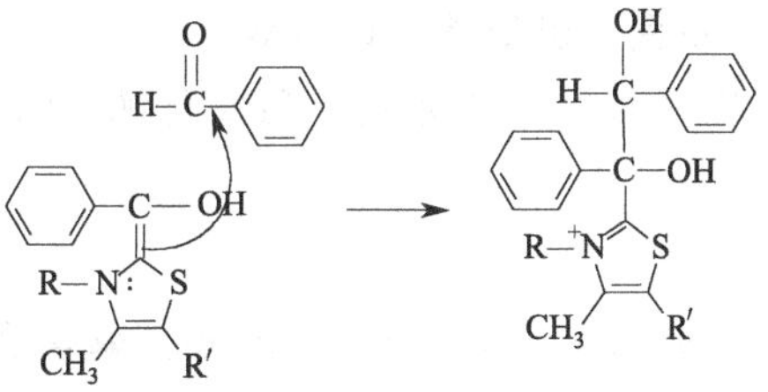

④ 辅酶加合物解离成安息香，辅酶还原。

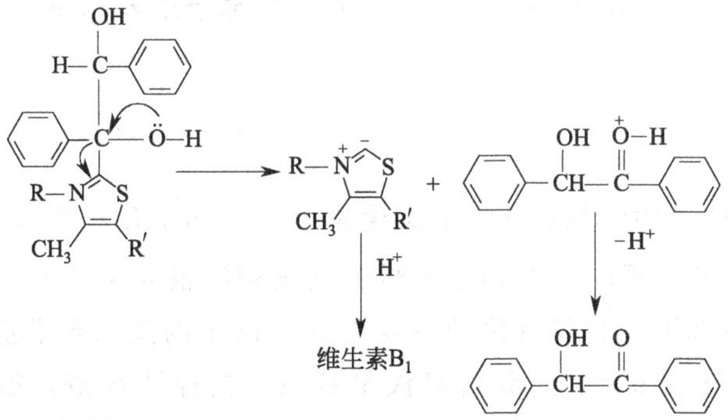

二苯羟乙酮（安息香）在有机合成中常被用作中间体。它既可以被氧化成 α-二酮，又可以在各种条件下被还原成二醇、烯、酮等各种类型的产物。作为双官能团化合物可以发生许多反应。本实验将在制备苯偶姻的基础上，进一步利用铜盐或三氯化铁将苯偶姻氧化为二苯乙二酮，后者用浓碱处理，发生重排反应，生成二苯羟乙酸。

$$C_6H_5CH(OH)-C(=O)C_6H_5 \xrightarrow{[O]} C_6H_5C(=O)-C(=O)C_6H_5 \xrightarrow{OH^-} (C_6H_5)_2C(OH)-CO_2H$$

一、安息香的辅酶合成

（一）实验目的

1. 了解酶催化的特点。
2. 学习安息香辅酶合成的制备原理和方法。
3. 掌握用维生素 B_1 为催化剂合成安息香的实验方法。

（二）实验原理

芳香醛在氰化钠（钾）作用下，分子间发生缩合生成二苯羟乙酮（安息香）的反应，称为安息香缩合。最典型的例子是苯甲醛的缩合。

除氰离子外，噻唑生成的季铵盐也可对安息香缩合起催化作用，用有生物活性的维生素 B_1 的盐酸盐代替氰化物催化安息香缩合反应，反应条件温和、无毒且产率高。因此，本实验选择辅酶维生素 B_1 作催化剂合成安息香。反应式如下：

$$2C_6H_5CHO \xrightarrow{\text{维生素 } B_1} C_6H_5-\overset{OH}{\underset{H}{C}}-\overset{O}{C}-C_6H_5$$

（三）仪器与试剂

1. 仪器：电子天平、恒温水浴锅、循环水式真空泵、圆底烧瓶、回流冷凝管、烧杯、温度计、布氏漏斗、抽滤瓶、量筒、玻璃棒、试管等。
2. 试剂：苯甲醛[1]、维生素 B_1、95％乙醇、氢氧化钠、活性炭、pH 试纸、滤纸等。

【物理常数及化学性质】

苯甲醛：分子量 106.12，沸点 179 ℃，d_4^{20} 1.0460。微溶于水（0.3 g/100 g 水），易溶于乙醇和乙醚，本品有苦杏仁味，在空气中或见光变黄。

安息香：分子量 212.25，熔点 135～137 ℃。微溶于水和乙醚，易溶于热的乙醇和丙酮，制药工业用作防腐剂。

（四）实验步骤

在 100 mL 圆底烧瓶中，加入 1.8 g 维生素 B_1[2]、5 mL 蒸馏水和 15 mL 95％乙醇，将烧瓶置于冰浴中冷却。同时取 5 mL 10％氢氧化钠溶液于一支试管中也置于冰浴中冷却[3]。然后在冰浴冷却下，将氢氧化钠溶液在 10 min 中内滴加至维生素 B_1 溶液中，并不断摇荡，调节溶液 pH 为 9～10，此时溶液呈黄色。去掉冰水浴，加入 10 mL（10.4 g，0.1 mol）新蒸的苯甲醛，装上回流冷凝管，加几粒沸石，将混合物置于水浴上温热 1.5 h。水浴温度保持在 60～75 ℃，切勿将混合物加热至剧烈沸腾，此时反应混合物呈橘黄或橘红色均相溶液。将反应混合物冷却至室温，析出浅黄色结晶。将烧瓶置于冰浴中冷却使结晶完全。若产物呈油状物析出，应重新加热使成均相，再慢慢冷却重新结晶。必要时可用玻璃棒摩擦瓶壁或投入晶种。抽滤，用 50 mL 冷水分两次洗涤结晶。粗产品用 95％乙醇重结晶[4]。若产物为黄色，可加入少量活性炭脱色。纯安息香为白色针状结晶，产量约 5 g。熔点 134～136 ℃。

(五)附注

[1] 苯甲醛中不能含有苯甲酸，用前最好经5％碳酸氢钠溶液洗涤，而后减压蒸馏，并避光保存。

[2] 本实验也可用氰化钠（钾）代替维生素B_1作催化剂进行合成。操作步骤如下：

在100 mL圆底烧瓶中溶解1 g（0.02 mol）氰化钠于10 mL水中，加入20 mL 95％乙醇、10 mL（10.4 g，0.1 mol）新蒸的苯甲醛和几粒沸石，装上回流冷凝管，在水浴上回流0.5 h。冷却促使结晶，必要时可用玻璃棒摩擦瓶壁或投入晶种，并将烧瓶置于冰浴中使结晶完全。抽滤，每次用15 mL冷乙醇洗涤结晶两次，接着用少量水洗涤几次，压干，在空气中干燥。粗产品约7～8 g，进一步纯化可用95％乙醇重结晶。

注意：氰化钠（钾）为剧毒药品，使用时必须极为小心，并在指导教师在场的情况下使用。用后必须用肥皂反复洗手。如手有伤口时不能操作氰化钠（钾），不能酸化含氰化钠（钾）的溶液。含氰化钠（钾）的滤液应倒入废液桶，所用仪器应用水彻底清洗。

[3] 维生素B_1在酸性条件下是稳定的，但易吸水，在水溶液中易被氧化失效，光及铜、铁、锰等金属离子均可加速氧化；在氢氧化钠溶液中噻唑环易开环失效。因此，反应前维生素B_1溶液及氢氧化钠溶液必须用冰水冷却。

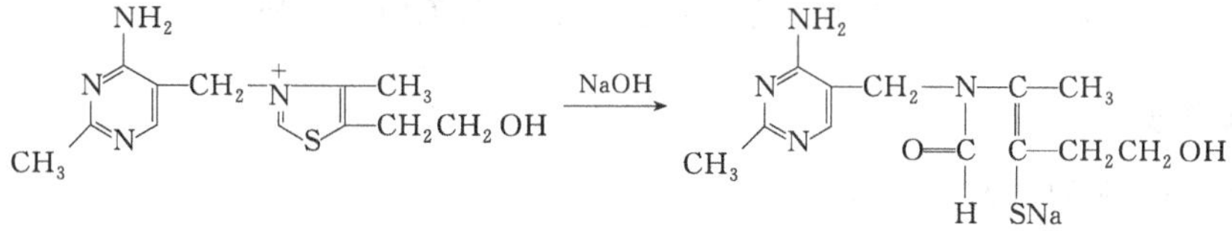

[4] 安息香在沸腾的95％乙醇中的溶解度为12～14 g/100 mL。

(六)思考题

1. 安息香缩合、羟醛缩合、歧化反应有何不同？
2. 为什么加入苯甲醛后，反应混合物的pH要保持9～10？溶液pH过低有什么不好？

二、二苯乙二酮的制备

(一)实验目的

1. 了解安息香氧化合成二苯乙二酮的原理，以及氧化剂的选择方法。
2. 掌握回流、重结晶等基本操作。

(二)实验原理

二苯乙二酮主要用于有机合成和杀虫剂制备。它对紫外光敏化的范围在480nm以下，可在很宽的波长区敏化，因此可用于厚膜树脂的固化，而且固化后无色无味，故适合制作食品包装用的印刷油墨等。

二苯乙二酮可以由安息香经氧化制得，氧化剂可以为浓硝酸，但反应生成的二氧化氮对环境污染严重，也可以使用Fe^{3+}作为氧化剂，铁盐被还原成Fe^{2+}。本实验采用六水三氯化铁为氧化剂，反应式如下：

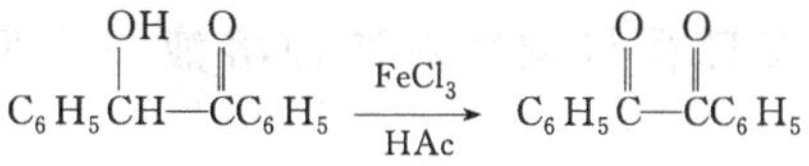

(三)仪器与试剂

1. 仪器：电子天平、电热套、圆底烧瓶、回流冷凝管、量筒等。
2. 试剂：安息香（自制）、冰醋酸、95％乙醇、六水三氯化铁等。

【物理常数及化学性质】

二苯乙二酮：分子量 210.23，熔点 94～95 ℃。不溶于水，易溶于乙醇、乙醚、氯仿和乙酸乙酯，本品具有刺激性。

(四)实验步骤

在 100mL 圆底烧瓶中，加入 2.12g（0.01 mol）安息香、10 mL 冰醋酸、5 mL H_2O 及 9 g 六水三氯化铁，装上回流冷凝管，加热并摇荡，当反应物溶解后，继续回流 45～60 min，加入 40 mL 水，煮沸，冷却[1]，析出黄色沉淀，抽滤，用冷水洗涤。再用 10～15 mL 95％乙醇重结晶，得 1.9～2.0 g 产品，产率为 90％～95％。

(五)附注

[1] 冷却时，应用玻璃棒搅动，防止结成大块，以免包进杂质。

(六) 思考题

1. 加 40 mL 水的目的是什么？

三、二苯乙醇酸的制备

(一) 实验目的

1. 学习二苯乙二酮在氢氧化钾溶液中重排，生成二苯乙醇酸的实验原理及方法。
2. 掌握回流、重结晶、脱色、抽滤等基本操作。

(二) 实验原理

二苯乙二酮与氢氧化钾溶液回流，生成二苯乙醇酸盐，称为二苯乙醇酸重排。反应过程如下：

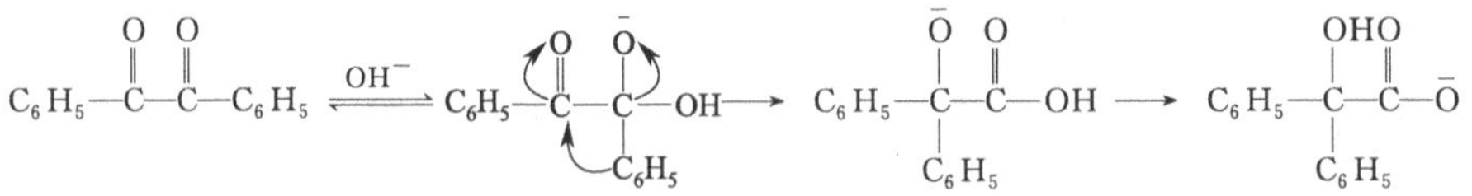

形成稳定的羧酸盐是反应的推动力。一旦形成羧酸盐，经酸化后即产生二苯乙醇酸。这一重排反应可普遍用于将芳香 α-二酮转化为 α-羟基酸，某些脂肪族 α-二酮也可发生类似的反应。

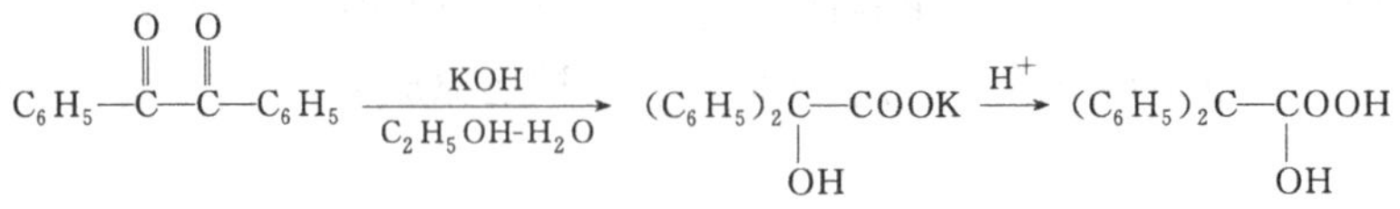

二苯乙醇酸也可直接由安息香与碱性溴酸钾溶液一步反应来制备，得到高纯度的产物。

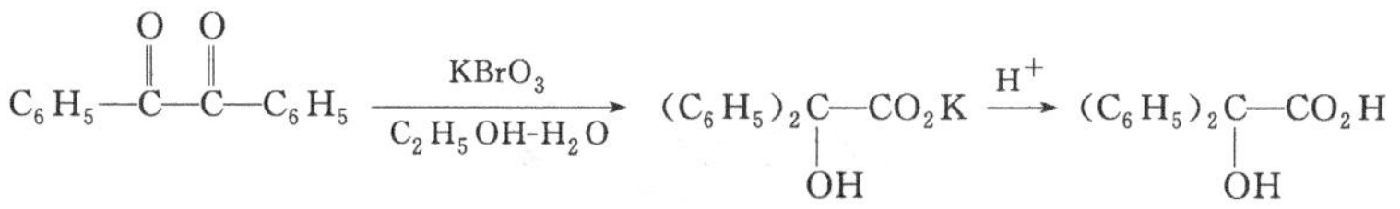

$$C_6H_5\overset{O}{\underset{}{C}}\overset{O}{\underset{}{C}}C_6H_5 \xrightarrow[C_2H_5OH-H_2O]{KBrO_3} (C_6H_5)_2\underset{OH}{C}-CO_2K \xrightarrow{H^+} (C_6H_5)_2\underset{OH}{C}-CO_2H$$

（三）仪器与试剂

1. 仪器：电子天平、电热套、循环水式真空泵、显微熔点测定仪、圆底烧瓶、回流冷凝管、布氏漏斗、抽滤瓶、烧杯、量筒等。

2. 试剂：二苯乙二酮、氢氧化钾、95％乙醇、浓盐酸、滤纸等。

【物理常数及化学性质】

二苯乙醇酸：分子量 228.25，熔点 148～149 ℃。微溶于水，易溶于乙醇、乙醚及热水。

（四）实验步骤

在 50 mL 圆底烧瓶中溶解 2.5 g（0.044 mol）氢氧化钾于 5 mL 水中，然后加入 7.5 mL 95％乙醇，混匀后加入 2.5 g（0.012 mol）二苯乙二酮并振荡。溶液呈深紫色，待固体溶解后，装上回流冷凝管，在水浴上回流 15 min。然后将反应混合物转移到小烧杯中，在冰水浴中放置约 1 h[1]，直至析出二苯乙醇酸钾盐的晶体。抽滤，并用少量冷乙醇洗涤晶体。

将过滤出的钾盐溶于 70 mL 水中，用滴管加入 2 滴浓盐酸，少量未反应的二苯乙二酮成胶状悬浮物，加入少量活性炭并搅拌几分钟，然后用折叠滤纸过滤。滤液用 5％的盐酸酸化至刚果红试纸变蓝（约需 25 mL），即有二苯乙醇酸的晶体析出，在冰水浴中冷却使结晶完全。抽滤，用冷水洗涤几次以除去晶体中的无机盐。粗产物干燥后约 1.5～2 g，进一步纯化可用水重结晶[2]，并加少量活性炭脱色。二苯乙醇酸产量约 1.5 g，测定熔点。

（五）附注

［1］也可将反应混合物用表面皿盖住，放至下一次实验，二苯乙醇酸钾盐将在此段时间内结晶。

［2］粗产物也可用苯重结晶，每克粗产物约需 6 mL 苯。

（六）思考题

1. 如果二苯乙二酮用甲醇钠在甲醇溶液中处理，经酸化后应得到什么产物？写出产物的结构式和反应机理。

2. 思考如何由相应的原料经二苯乙醇酸重排合成下列化合物：

① $\left(\underset{}{\overset{}{\text{呋喃}}}\right)_2\underset{}{\overset{OH}{C}}-CO_2H$ ② $\left(CH_3O-\overset{}{\underset{}{\bigcirc}}\right)_2\overset{OH}{\underset{}{C}}-CO_2H$

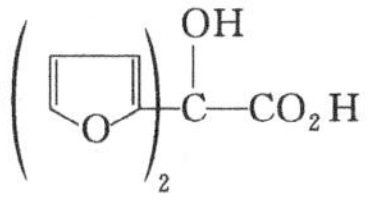

③ $\underset{}{\overset{HO\quad CO_2H}{\text{芴}}}$ ④ $(HOOCCH_2)_2\underset{OH}{C}-CO_2H$（柠檬酸）

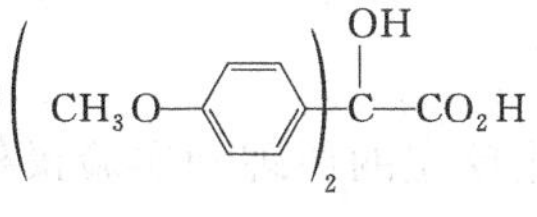

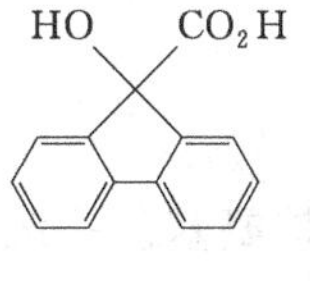

对氨基苯磺酰胺（磺胺药物）的合成

磺胺药物是含磺胺基团合成抗菌药的总称，能抑制多种细菌和少数病毒的生长和繁殖，用于防治多种病菌感染。磺胺药物曾在保障人类生命健康方面发挥过重要作用，在抗生素问世后，虽然失去了先前作为普遍使用的抗菌剂的重要性，但在某些治疗中仍然使用。磺胺药物的一般结构为：

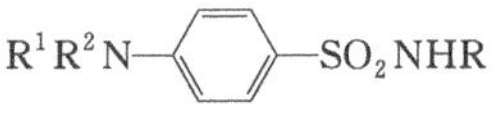

$$R^1R^2N-\text{（苯环）}-SO_2NHR$$

由于磺氨基上氮原子的取代基不同而形成不同的磺胺药物。虽然合成的磺胺衍生物多达一千种以上，但真正用于临床的只有为数不多的十多种，而且大多数磺胺药物的 R^1 和 R^2 为 H。本实验将要合成的磺胺是最简单的磺胺类药物。

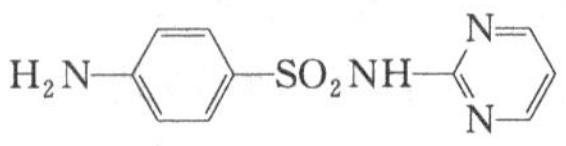

磺胺嘧啶（SD） 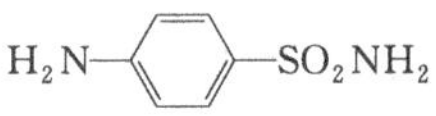　　　　　磺胺（SN） 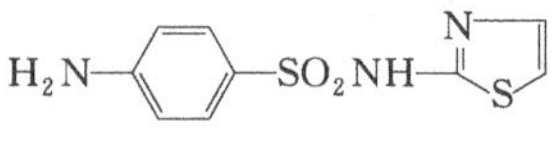　　　　　磺胺噻唑（ST）

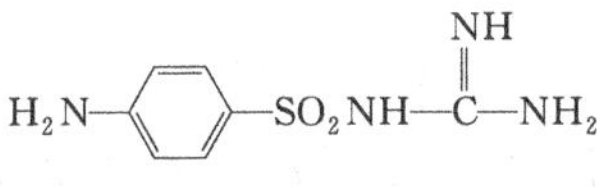

磺胺胍（SG） 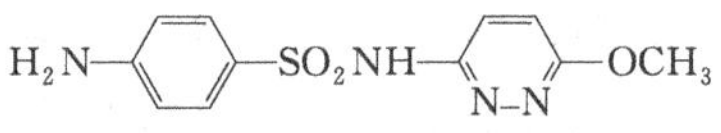　　　　　长效磺胺（SMP）

磺胺的制备从苯和简单的脂肪族化合物开始，其中包括许多中间体，这些中间体有的需要分离提纯出来，有的不需要精制就可直接用于下一步的合成。

合成路线：

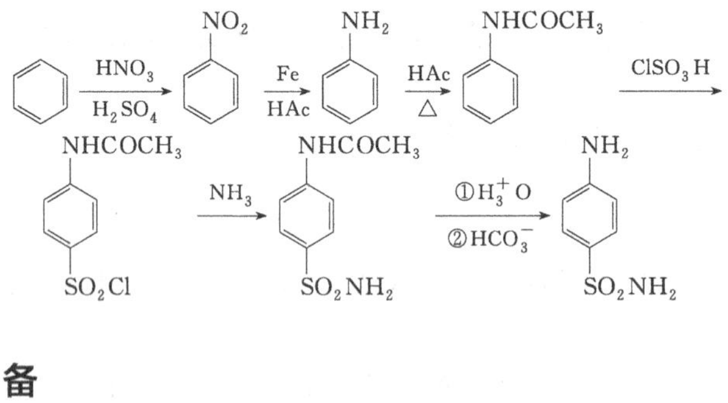

一、乙酰苯胺的制备

（一）实验目的

1. 掌握苯胺乙酰化反应的原理和实验操作。

2. 进一步熟悉固体有机物的提纯的方法——重结晶。

（二）实验原理

芳胺的乙酰化在有机合成中有着重要的作用，例如保护氨基。一级和二级芳胺在合成中通常被转化为它们的乙酰化衍生物，以降低芳胺对氧化降价的敏感性或避免与其他官能团或试剂（如 RCOCl、$-SO_2Cl$、HNO_2 等）之间发生不必要的反应。同时，氨基经酰化后，降低了氨基在亲电取代（特别是卤化）中的活化能力，使其由很强的第Ⅰ类定位基变为中强度的第Ⅰ类定位基，使反应由多元取代变为有用的一元取代。由于乙酰基的空间效应，对位取代产物的比例提高。在合成的最后步骤，氨基很容易通过酰胺在酸碱催化下水解游离出来。

芳胺可用酰氯、酸酐或冰醋酸来进行酰化。冰醋酸易得，价格便宜，但需要较长的反应时间，适用于规模较大的制备。酸酐一般来说是比酰氯更好的酰化试剂。用游离胺与纯乙酸酐进行酰化，常伴有二乙酰胺 $[ArN(COCH_3)_2]$ 副产物的生成。但如果在醋酸-醋酸钠的缓冲溶液中进行酰化，由于酸酐的水解速度比酰化速度慢得多，可以得到高纯度的产物。但这一方法不适用于硝基苯胺和其他碱性很弱的芳胺的酰化。

本实验用冰醋酸作为乙酰化试剂，制备乙酰苯胺，反应式如下：

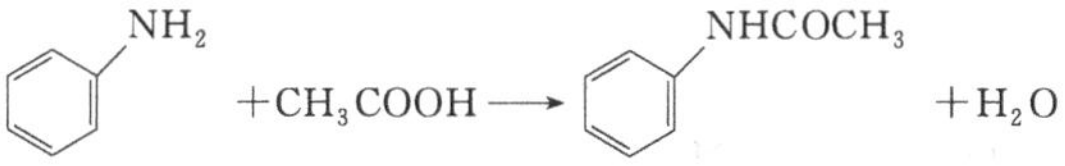

(三)仪器与试剂

1. 仪器：电子天平、循环水式真空泵、电热套、圆底烧瓶、锥形瓶、烧杯、韦氏分馏柱、热水漏斗、布氏漏斗、抽滤瓶、量筒、玻璃棒、温度计等。

2. 试剂：苯胺、冰醋酸、锌粉等。

【物理常数及化学性质】

苯胺：分子量 93.13，沸点 184.4℃，d_4^{20}1.022，n_D^{20}1.5863。微溶于水（3.7 g/100 g 水），易溶于乙醇、乙醚和苯。该品有毒，吸入、口服或皮肤接触都有危害。

乙酰苯胺：分子量 135.17，熔点 114 ℃，d_4^{20}1.219。微溶于冷水，易溶于乙醇、乙醚及热水。本品具有刺激性，避免皮肤接触或由呼吸和消化系统进入体内。能抑制中枢神经系统和心血管系统。

(四)实验步骤

在 50 mL 圆底烧瓶中，加入 10 mL（10.2 g，0.11 mol）苯胺[1]、15 mL（15.7 g，0.26 mol）冰醋酸及少许锌粉（约 0.1 g）[2]，装上一短的韦氏分馏柱[3]，其上端装一温度计，支管通过支管接引管与接收瓶相连，接收瓶外部用冷水浴冷却。

将圆底烧瓶缓缓加热，使反应物保持微沸约 15 min。然后逐渐升高温度，当温度计读数达到 100 ℃左右时，支管即有液体流出。维持温度在 100～110 ℃之间反应约 1.5 h，生成的水及大部分醋酸已被蒸出[4]，此时温度计读数下降，表示反应已经完成。在搅拌下趁热将反应物倒入 200 mL 冰水中[5]，冷却后抽滤析出的固体，用冷水洗涤。粗产物用水重结晶，产量为 9～10 g，熔点为 113～114 ℃。

(五)附注

[1] 久置的苯胺色深有杂质，会影响乙酰苯胺的质量，故最好用新蒸的苯胺。

[2] 加入锌粉的目的是防止苯胺在反应过程中被氧化，生成有色的杂质。

[3] 因属少量制备，最好用微量分馏管代替韦氏分馏柱。分馏管支管用一段橡皮管与一

玻璃弯管相连，玻璃管下端伸入试管中，试管外部用冷水浴冷却。

［4］收集醋酸及水的总体积约为 4.5 mL。

［5］反应物冷却后，固体产物立即析出，沾在瓶壁不易处理。故须趁热在搅动下倒入冷水中，以除去过量的醋酸及未作用的苯胺（它可成为苯胺醋酸盐而溶于水）。

(六)思考题

1. 假设用 8 mL 苯胺和 9 mL 乙酸酐制备乙酰苯胺，哪种试剂是过量的？乙酰苯胺的理论产率是多少？

2. 反应时为什么要控制冷凝管上端的温度在 100～110 ℃？

3. 用苯胺作为原料进行苯环上的某些取代反应时，为什么常常先要进行酰化？

二、对氨基苯磺酰胺的制备

(一)实验目的

1. 学习对氨基苯磺酰胺的制备方法。

2. 通过对氨基苯磺酰胺的制备，掌握酰氯的氨解和乙酰氨基衍生物的水解。

(二)实验原理

磺酰胺的制备从简单的芳香族化合物开始，其中包括许多中间体，这些中间体有的需要分离提纯，有的不需要精制就可直接用于下一步合成。由于各步反应导致产量的损失，使得总产率降低，因此人们一直在研究可获得高产率的反应。本实验的反应原理如下：

$$C_6H_5NHCOCH_3 + 2HOSO_2Cl \longrightarrow p\text{-}ClO_2S\text{-}C_6H_4\text{-}NHCOCH_3 + H_2SO_4 + HCl$$
$$\text{熔点 149℃}$$

$$p\text{-}ClO_2S\text{-}C_6H_4\text{-}NHCOCH_3 + NH_3 \longrightarrow p\text{-}NH_2O_2S\text{-}C_6H_4\text{-}NHCOCH_3 + HCl$$
$$\text{熔点 219～220℃}$$

$$p\text{-}NH_2O_2S\text{-}C_6H_4\text{-}NHCOCH_3 + H_2O \longrightarrow p\text{-}NH_2O_2S\text{-}C_6H_4\text{-}NH_2 + CH_3CO_2H$$
$$\text{熔点 165～166℃}$$

(三)仪器与试剂

1. 仪器：电子天平、循环水式真空泵、电热套、圆底烧瓶、球形冷凝管、锥形瓶、烧杯、布氏漏斗、抽滤瓶、量筒、导气管、吸气管、玻璃棒等。

2. 试剂：乙酰苯胺、氯磺酸[1]、浓氨水、浓盐酸、无水碳酸钠、活性炭等。

【物理常数及化学性质】

对氨基苯磺酰胺：分子量 172.21，熔点 163～164 ℃。易溶于沸水、丙酮及乙醇，难溶于乙醚及氯仿。

(四)实验步骤

1. 对乙酰氨基苯磺酰氯的制备

在 100 mL 干燥的锥形瓶中，加入 5 g（0.037 mol）干燥的乙酰苯胺，用小火加热熔化[2]。瓶壁上若有少量水汽凝结，应用干净的滤纸吸去。冷却，使熔化物凝结成块。将锥形瓶置于冰水浴中冷却后，迅速倒入 12.5 mL（22.5 g，0.19 mol）氯磺酸，立即塞上带有氯化氢导气管的塞子。反应很快发生，若反应过于剧烈，可用冰水浴冷却。待反应缓和后，旋摇锥形瓶使固体全溶，然后再在温水浴中加热 10 min 使反应完全[3]。将反应瓶在冰水浴中完全冷却后，于通风橱中充分搅拌下，将反应液慢慢倒入盛有 75 g 碎冰的烧杯中[4]，用少量冷水洗涤反应瓶，洗涤液倒入烧杯中。搅拌数分钟，并尽量将大块固体粉碎[5]，使成颗粒小而均匀的白色固体。抽滤收集，用少量冷水洗涤，压干，立即进行下一步反应[6]。

2. 对乙酰氨基苯磺酰胺的制备

将上述粗产物移入烧杯中，在不断搅拌下慢慢加入 17.5 mL 浓氨水（在通风橱内），立即发生放热反应并产生白色糊状物。加完后，继续搅拌 15 min，使反应完全。然后加入 10 mL 水缓缓加热 10 min，并不断搅拌，以除去多余的氨。得到的混合物可直接用于下一步的合成[7]。

3. 对氨基苯磺酰胺（磺胺）的制备

将上述反应物放入圆底烧瓶中，加入 3.5 mL 浓盐酸，加热回流 0.5 h。冷却后，应得到几乎澄清的溶液，若有固体析出[8]，应继续加热，使反应完全。如溶液呈黄色，并有极少量固体存在时，需加入少量活性炭煮沸 10 min，过滤。将滤液转入大烧杯中，在搅拌下小心加入碳酸钠[9] 至碱性（约 4 g）。在冰水浴中冷却，抽滤收集固体，用少量冰水洗涤，压干。粗产物用水重结晶（每克产物约需 12 mL 水），产量为 3～4 g，熔点为 161～162 ℃。

(五)附注

[1] 氯磺酸对皮肤和衣服有强烈的腐蚀性，暴露在空气中会冒出大量氯化氢气体，遇水会发生剧烈的放热反应，甚至爆炸，故取用时需加小心。反应中所用仪器及药品皆需十分干燥，含有氯磺酸的废液不可倒入废液缸中。工业氯磺酸常呈棕黑色，使用前宜用磨口仪器蒸馏纯化，收集 148～150 ℃的馏分。

[2] 氯磺酸与乙酰苯胺的反应相当剧烈，将乙酰苯胺凝结成块状，可使反应缓慢进行，当反应过于剧烈时，应适当冷却。

[3] 在氯磺化过程中，将有大量氯化氢气体放出，为避免污染室内空气，装置应严密，导气管的末端要与接收器内的水面接近，但不能插入水中，否则可能倒吸而引发严重事故。

[4] 加入速度必须缓慢，并充分搅拌，以免局部过热而使对乙酰氨基苯磺酰氯水解。这是实验成功的关键。

[5] 尽量洗去固体所夹杂和吸附的盐酸，否则产物在酸性介质中放置过久，会很快水解，因此在洗涤后，应尽量压干，且在 1～2 h 内将它转变为磺胺类化合物。

[6] 粗制的对氨基苯磺酰氯久置容易分解，甚至干燥后也不可避免，若要得到纯品，可将粗产物溶于温热的氯仿中，然后迅速转移到事先温热的分液漏斗中，分出氯仿层，在冰水浴中冷却后即可析出结晶。纯对氨基苯磺酰氯的熔点为 149 ℃。

[7] 为了节省时间，这一步的粗产物可不必分出。若要得到产品，可在冰水浴中冷却，抽滤，用冰水洗涤，干燥即得。粗品用水重结晶，纯品熔点为 219～220 ℃。

[8] 对乙酰氨基苯磺酰胺在稀酸中水解成磺胺，后者又与过量的盐酸形成可溶性的盐酸盐，所以水解完成后，反应液冷却时应无晶体析出。由于水解前后溶液中氨的含量不同，加 3.5 mL 盐酸有时不够，因此，在回流至固体完全消失前，应测一下溶液的酸碱性，若酸性不够，应补加盐酸继续回流一段时间。

［9］用碳酸钠中和滤液中的盐酸时，有二氧化碳伴生，故应控制加入速度并不断搅拌使其逸出。磺胺是两性化合物，在过量的碱溶液中也易变成盐类而溶解。故中和操作必须仔细进行，以免降低产量。

(六)思考题

1. 为什么在氯磺化反应完成以后处理反应混合物时，必须移到通风橱中，且在充分搅拌下缓缓倒入碎冰？若在倒完前冰已全部融化，是否应补加冰块？为什么？

2. 为什么苯胺要乙酰化后再氯磺化？可以直接氯磺化吗？

3. 如何理解对氨基苯磺酰胺是两性物质？试用反应式表示磺胺与稀酸和稀碱的作用。

附　录

常用浓酸、浓碱的密度和浓度

试剂名称	密度$(\rho)/(g \cdot mL^{-1})$	质量分数$(w)/\%$	物质的量浓度$(c)/(mol \cdot L^{-1})$
浓盐酸	1.18~1.19	36~38	11.6~12.4
浓硝酸	1.39~1.40	65.0~68.0	14.4~15.2
浓硫酸	1.83~1.84	95~98	17.8~18.4
浓磷酸	1.69	85	14.6
高氯酸	1.68	70.0~72.0	11.7~12.0
冰醋酸	1.05	99.0(AR)	17.4
氢氟酸	1.13	40	22.5
氢溴酸	1.49	47.0	8.6
浓氨水	0.88~0.90	25.0~28.0	13.3~14.8
氢氧化钠	1.44	41	14

常用液体的折射率

物质	折射率		物质	折射率	
	15℃	20℃		15℃	20℃
苯	1.5044	1.5011	环己烷	1.0429	1.4266
丙酮	1.3818	1.3591	硝基苯	1.5547	1.5524
甲苯	1.4998	1.4968	正丁醇	—	1.3991
醋酸	1.3776	1.3717	二硫化碳	—	1.6255
氯苯	1.5275	1.5246	丁酸乙酯	—	1.3928
氯仿	1.4485	1.4455	乙酸正丁酯	—	1.3961
四氯化碳	1.4630	1.4604	正丁酸	—	1.3980
乙醇	1.3633	1.3614	溴苯	—	1.5604

附录三

常用有机溶剂的沸点和密度

名称	沸点/℃	密度(d_4^{20})	名称	沸点/℃	密度(d_4^{20})
甲醇	65.0	0.7914	正丁醇	117.2	0.8098
乙醇	78.5	0.7893	二氯甲烷	40.0	1.3266
乙醚	34.6	0.7138	甲酸甲酯	31.5	0.9742
丙酮	56.2	0.7899	1,2-二氯乙烷	83.5	1.2351
二硫化碳	46.2	1.2632	甲苯	110.6	0.8669
醋酸	117.9	1.0492	硝基乙烷	115.0	1.0448
乙酸酐	139.5	1.0820	四氯化碳	76.5	1.5940
二氧六环	101.7	1.0337	氯仿	61.7	1.4832

附录四

常见糖类及其衍生物的比旋光度 $[\alpha]_D^{20}$

名称	纯 α-异构体	纯 β-异构体	变旋后平衡值
D-葡萄糖	+112	+19	+53
D-果糖	−21	−113	−92
D-半乳糖	+151	+53	+84
D-乳糖	+90	+35	+52.2～+52.8
D-甘露糖	+30	−17	+14
D-麦芽糖	+168	+112	+136
D-纤维二糖	+72	+16	+35
蔗糖	—	—	+66.2～+66.7
D-木糖	—	—	+18.5～+19.5
维生素 C	—	—	+20.5～+21.5

附录五

部分共沸混合物的性质

二元共沸混合物的性质

混合物的组分	101.325kPa 时的沸点/℃		质量分数/%	
	纯组分	共沸物	第一组分	第二组分
水	100			
甲苯	110.8	84.1	19.6	80.4

混合物的组分	101.325kPa 时的沸点/℃		质量分数/%	
	纯组分	共沸物	第一组分	第二组分
苯	80.2	69.3	8.9	91.1
乙酸乙酯	77.1	70.4	8.2	91.8
正丁酸丁酯	125	90.2	26.7	73.3
异丁酸丁酯	117.2	87.5	19.5	80.5
苯甲酸乙酯	212.4	99.4	84.0	16.0
2-戊酮	102.3	82.9	13.5	86.5
乙醇	78.4	78.1	4.5	95.5
正丁醇	117.8	92.4	38	62
异丁醇	108.0	90.0	33.2	66.8
仲丁醇	99.5	88.5	32.1	67.9
叔丁醇	82.8	79.9	11.7	88.3
苄醇	205.2	99.9	91	9
烯丙醇	97.0	88.2	27.1	72.9
甲酸	100.8	107.3(最高)	22.5	77.5
硝酸	86.0	120.5(最高)	32	68
氢碘酸	−34	127(最高)	43	57
氢溴酸	−67	126(最高)	52.5	47.5
氢氯酸	−84	110(最高)	79.76	20.24
乙醚	34.5	34.2	1.3	98.7
丁醛	75.7	68	6	94
三聚乙醛	65～85	91.4	30	70
乙酸乙酯	77.1			
二硫化碳	46.3	46.1	7.3	92.7
己烷	69			
苯	80.2	68.8	95	5
氯仿	61.2	60.8	28	72
丙酮	56.5			
二硫化碳	46.3	39.2	34	66
异丙醚	69.0	54.2	61	39
氯仿	61.2	65.5	20	80
四氯化碳	76.8			
乙酸乙酯	77.1	74.8	57	43
环己烷	80.8			
苯	80.2	77.8	45	55

注：有"～"符号者为第一组分。

三元共沸混合物的性质

第一组分		第二组分		第三组分		沸点/℃
名称	质量分数/%	名称	质量分数/%	名称	质量分数/%	
水	7.8	乙醇	9.0	乙酸乙酯	83.2	70.0
水	4.3	乙醇	9.7	四氯化碳	86.0	61.8
水	7.4	乙醇	18.5	苯	74.1	64.9
水	7	乙醇	17	环己烷	76	62.1
水	3.5	乙醇	4.0	氯仿	92.5	55.5
水	7.5	异丙醇	18.7	苯	73.8	66.5
水	0.81	二硫化碳	75.21	丙酮	23.98	38.04

附录六

有机物常用干燥剂的性能

干燥剂	吸水作用	吸水容量	干燥效能	干燥速度	适用范围	不适用范围	备注
氯化钙	$CaCl_2 \cdot nH_2O$ $n=1,2,4,6$	0.97(按 $CaCl_2 \cdot 6H_2O$ 计)	中等	较快,但吸水后易在其表面覆盖液体,应放置较长时间	烃、烯烃、丙酮、醚和中性气体	与醇、氨、胺、酚、氨基酸、酰胺、酮及某些醛和酯结合,不能用	①廉价;②工业品中含 Ca(OH)$_2$ 或 CaO,故不能干燥酸类;③$CaCl_2 \cdot 6H_2O$ 在 30℃以上易失水;④$CaCl_2 \cdot 4H_2O$ 在 45℃以上易失水
硫酸镁	$MgSO_4 \cdot nH_2O$ $n=1,2,4,5,6,7$	1.05(按 $MgSO_4 \cdot 7H_2O$ 计)	较弱	较快	中性,应用范围广,可代替 $CaCl_2$ 并可用于干燥酯、醛、酮、腈、酰胺等,并可用于干燥不能用 $CaCl_2$ 干燥的化合物		$MgSO_4 \cdot 7H_2O$ 在 49℃以上失水 $MgSO_4 \cdot 6H_2O$ 在 38℃以上失水
硫酸钠	$Na_2SO_4 \cdot 10H_2O$	1.25	弱	缓慢	中性,一般用于有机液体的初步干燥		$Na_2SO_4 \cdot 10H_2O$ 在 38℃以上失水
硫酸钙	$CaSO_4 \cdot 2H_2O$	0.06	强	快	中性硫酸钙经常与硫酸钠配合,作最后干燥用		$CaSO_4 \cdot 2H_2O$ 在 38℃以上失水
氢氧化钠(钾)	溶于水		中等	快	强碱性,用于干燥胺、杂环等碱性化合物(氨、胺、醚、烃)	不能用于干燥醇、酯、醛、酮、酸、酚等	吸湿性强
碳酸钾	$K_2CO_3 \cdot \frac{1}{2}H_2O$	0.2	较弱	慢	弱碱性,用于干燥醇、酮、酯、胺及杂环等碱性化合物,可代替 KOH 干燥胺类	不适合酸、酚及其他酸性化合物	有吸湿性

干燥剂	吸水作用	吸水容量	干燥效能	干燥速度	适用范围	不适用范围	备注
金属钠	$Na + H_2O \longrightarrow$ $\frac{1}{2}H_2 + NaOH$		强	快	限于干燥醚、烃、叔胺中痕量水分	与氯代烃相遇有爆炸危险！不用于醇及其他有反应之物，不能用于干燥器中	忌水，遇水会燃烧并爆炸
氧化钙（碱石灰，CaO类同）	$CaO + H_2O \longrightarrow$ $Ca(OH)_2$		强	较快	中性及碱性气体、胺、醇、乙醚（低级的醇）	不能用于干燥酸类和酯类	对热很稳定，不挥发，干燥后可直接蒸馏
五氧化二磷	$P_2O_5 + 3H_2O$ $\longrightarrow 2H_3PO_4$		强	快，但吸水后表面被黏浆液覆盖，操作不便	适合干燥烃、卤代烃、腈等中的痕量水分，适合干燥中性或酸性气体，如乙炔、二硫化碳、烃、卤代烃	不适用于醇、醚、酸、胺、酮、HCl、HF	吸湿性很强，用于干燥气体时需与载体相混
硫酸					中性及酸性气体（用于干燥器和洗气瓶中）	不饱和化合物、醇、酮、碱性物质、H_2S、HI	不适用于高温下的真空干燥
高氯酸镁			强		包括氨在内的气体（用于干燥器中）	易氧化的有机液体，因产生过氯酸易爆炸	适合分析用
硅胶					用于干燥器中	HF	吸收残余溶剂
分子筛（硅酸钠铝和硅酸钙铝）	物理吸附	约0.25	强	快	流动气体（温度可高于100℃）、有机溶剂等（用于干燥器中）、各类有机化合物	不饱和烃	

附录七

典型有机分子的核磁共振数据

不同类型有机化合物的质子其化学位移值 δ 列表如下。化学位移按氢原子类型划分为（a）甲基、（b）亚甲基、（c）次甲基。粗体 **H** 为产生吸收的质子。

化合物	δ	化合物	δ	化合物	δ
(a)甲基氢离子		$C_6H_5CH_2CH_3$	1.2	环戊烷	1.5
CH_3NO_2	4.3	CH_3CH_2OH	1.2	环己烷	1.4
CH_3F	4.3	$(CH_3CH_2)_2O$	1.2	$CH_3(CH_2)_4CH_3$	1.4
$(CH_3)_2SO_4$	3.9	$CH_3(CH_2)_3Cl(Br,I)$	1.0	环丙烷	0.2
$C_6H_5COOCH_3$	3.9	$CH_3(CH_2)_4CH_3$	0.9	(c)次甲基氢离子	
$C_6H_5{-}O{-}CH_3$	3.7	$(CH_3)_3CH$	0.9	C_6H_5CHO	10.0
CH_3COOCH_3	3.6	(b)亚甲基氢离子		$4\text{-}ClC_6H_4CHO$	9.9
CH_3OH	3.4	$EtOCOC(CH_3){=}CH_2$	5.5	$4\text{-}CH_3OC_6H_4CHO$	9.8
$(CH_3)_2O$	3.2	CH_2Cl_2	5.3	CH_3CHO	9.7
CH_3Cl	3.0	CH_2Br_2	4.9	吡啶(α-H)	8.5
$C_6H_5N(CH_3)_2$	2.9	$(CH_3)_2C{=}CH_2$	4.6	$1,4\text{-}C_6H_4(NO_2)_2$	8.4
$(CH_3)_2NCHO$	2.8	$CH_3COO(CH_3)C{=}CH_2$	4.6	$C_6H_5CH{=}CHCOCH_3$	7.9
CH_3Br	2.7	$C_6H_5CH_2Cl$	4.5	C_6H_5CHO	7.6
CH_3COCl	2.7	$(CH_3O)_2CH_2$	4.5	呋喃(α-H)	7.4
CH_3SCN	2.6	$C_6H_5CH_2OH$	4.4	萘(β-H)	7.4
$C_6H_5COCH_3$	2.6	$CF_3COCH_2C_3H_7$	4.3	$1,4\text{-}C_6H_4I_2$	7.4
$(CH_3)_2SO$	2.5	$Et_2C(COOCH_2CH_3)_2$	4.1	$1,4\text{-}C_6H_4Br_2$	7.3
$C_6H_5CH{=}CHCOCH_3$	2.3	$HC{\equiv}CCH_2Cl$	4.1	$1,4\text{-}C_6H_4Cl_2$	7.2
$C_6H_5CH_3$	2.3	$CH_3COOCH_2CH_3$	4.0	C_6H_6	7.3
$(CH_3CO)_2O$	2.2	$CH_2{=}CHCH_2Br$	3.8	C_6H_5Br	7.3
$C_6H_5OCOCH_3$	2.2	$HC{\equiv}CCH_2Br$	3.8	C_6H_5Cl	7.2
$C_6H_5CH_2N(CH_3)_2$	2.2	$BrCH_2COOCH_3$	3.7	$CHCl_3$	7.2
CH_3CHO	2.2	CH_3CH_2NCS	3.6	$CHBr_3$	6.8
CH_3I	2.2	CH_3CH_2OH	3.6	对苯醌	6.8
$(CH_3)_3N$	2.1	$CH_3CH_2CH_2Cl$	3.5	$C_6H_5NH_2$	6.6
$CH_3CON(CH_3)_2$	2.1	$(CH_3CH_2)_4N^+I^-$	3.4	呋喃(β-H)	6.3
$(CH_3)_2S$	2.1	CH_3CH_2Br	3.4	$CH_3CH{=}CHCOCH_3$	5.8
$CH_2{=}C(CN)CH_3$	2.0	$C_6H_5CH_2N(CH_3)_2$	3.3	环己烯(烯H)	5.6
CH_3COOCH_3	2.0	$CH_3CH_2SO_2F$	3.3	$(CH_3)_2C{=}CHCH_3$	5.2
CH_3CN	2.0	CH_3CH_2I	3.1	$(CH_3)_2CHNO_2$	4.4
CH_3CH_2I	1.9	$C_6H_5CH_2CH_3$	2.6	环戊基溴(C_1-H)	4.4
$CH_2{=}CHC(CH_3){=}CH_2$	1.8	CH_3CH_2SH	2.4	$(CH_3)_2CHBr$	4.2
$(CH_3)_2C{=}CH_2$	1.7	$(CH_3CH_2)_3N$	2.4	$(CH_3)_2CHCl$	4.1
CH_3CH_2Br	1.7	$(CH_3CH_2)_2CO$	2.4	$C_6H_5C{\equiv}CH$	2.9
$C_6H_5C(CH_3)_3$	1.3	$BrCH_2CH_2CH_2Br$	2.4	$(CH_3)_3CH$	1.6
$C_6H_5CH(CH_3)_2$	1.2	环戊酮(α-CH_2)	2.0		
$(CH_3)_3COH$	1.2	环己酮(α-CH_2)	2.0		

附录八

溶剂的纯化

1. 无水乙醚

沸点 34.5 ℃，$n_D^{20}1.3527$，$d_4^{20}0.7138$

普通乙醚中常含有一定量的水、乙醇及少量过氧化物等杂质，这对于要求以无水乙醚作溶剂的反应（如 Grignard 反应）来说，不仅影响反应的进行，且易发生危险。试剂级的无水乙醚，往往也不符合要求，但价格较高，因此，在实验中常需自行制备。制备无水乙醚时，首先要检验有无过氧化物。为此，取较少量乙醚与等体积的 2% 碘化钾溶液，加入几滴稀盐酸一起振摇，若能使淀粉溶液呈紫色或蓝色，即证明有过氧化物存在。为除去过氧化物，可在分液漏斗中加入普通乙醚和相当于乙醚 1/5 体积的新配制硫酸亚铁溶液（在 110 mL 水中加入 6 mL 浓硫酸，然后加入 60 g 硫酸亚铁配制而成），剧烈摇动后分去水溶液。除去过氧化物后，按照下述操作进行精制。

在 250 mL 圆底烧瓶中，放置 100 mL 除去过氧化物的普通乙醚和几粒沸石，装上冷凝管。冷凝管上端通过一个带有侧槽的橡皮塞，插入盛有 10 mL 浓硫酸的滴液漏斗。通入冷凝水，将浓硫酸慢慢滴入乙醚中，由于脱水作用所产生的热，乙醚会自行沸腾。加完后摇动反应物。

待乙醚停止沸腾后，拆下冷凝管，改成蒸馏装置。在收集乙醚的接收瓶支管上连一支氯化钙干燥管，并用与干燥管连接的橡皮管把乙醚蒸气导入水槽。加入沸石后，用事先准备好的水浴加热蒸馏。蒸馏速度不宜太快，以免乙醚蒸气因无法冷凝而逸散到室内（乙醚沸点低，极易挥发，且蒸气比空气密度大，约为空气的 2.5 倍，当空气中含有 1.85%～36.5% 的乙醚蒸气时，遇火即会发生燃烧爆炸）。当收集到约 70 mL 乙醚，且蒸馏速度显著变慢时，即可停止蒸馏。将瓶内所剩残液倒入指定的回收瓶中，切不可将水加入残液中（思考原因）。

将蒸馏收集的乙醚倒入干燥的锥形瓶中，加入 1 g 钠屑或 1 g 钠丝，然后用带有氯化钙干燥管的软木塞塞住，或在木塞中插入一末端拉成毛细管的玻璃管，这样可以防止潮气侵入并可使产生的气体逸出。放置 24 h 以上，使乙醚中残留的少量水和乙醇转化为氢氧化钠和乙醇钠。如不再有气泡通出，同时钠的表面较好，则可储放备用。如放置后金属钠表面已全部发生作用，需重新压入少量钠丝，放置至无气泡产生。这种无水乙醚可符合一般无水要求。

2. 绝对乙醇

沸点 78.4 ℃，$n_D^{20}1.3614$，$d_4^{20}0.7893$

市售的无水乙醇一般只能达到 99.5% 的纯度，在许多反应中需用纯度更高的绝对乙醇，经常需自己制备。通常工业用的 95.5% 的乙醇不能直接用蒸馏法制取无水乙醇，因 95.5% 的乙醇和 4.5% 的水会形成恒沸点混合物。要把水除去，第一步是加入氧化钙（生石灰）煮沸回流，使乙醇中的水和生石灰作用生成氢氧化钙，然后再将无水乙醇蒸出。这样得到的无水乙醇的纯度最高约为 99.5％。纯度更高的无水乙醇可用金属镁或金属钠进行处理，其纯化过程的反应式如下：

$$Mg + 2C_2H_5OH \longrightarrow H_2\uparrow + Mg(OC_2H_5)_2$$

$$Mg(OC_2H_5)_2 + 2H_2O \longrightarrow Mg(OH)_2 + 2C_2H_5OH$$

$$2Na + 2C_6H_5OH \longrightarrow 2C_6H_5ONa + H_2\uparrow$$

或 $$C_2H_5ONa + H_2O \Longleftrightarrow C_2H_5OH + NaOH$$

（1）无水乙醇（含量 99.5％）的制备

在 500 mL 圆底烧瓶（本实验所用的仪器均需彻底干燥）中，加入 200 mL 95％乙醇和 50 g 生石灰，用木塞塞紧瓶口，放置至下次实验。

下次实验时，拔去木塞，装上回流冷凝管，其上端接一支氯化钙干燥管，水浴加热回流 2～3 h，稍冷后取下冷凝管，改成蒸馏装置（一般在蒸馏前应先过滤除去干燥剂，本实验中，氧化钙与乙醇中的水生成的氢氧化钙加热时不分解，故可留在瓶中一起蒸馏）。蒸去前馏分后，用干燥的吸滤瓶或蒸馏瓶作接收器，其支管接一支氯化钙干燥管，使其与大气相通。用水浴加热，蒸馏至几乎无液滴流出为止。称量无水乙醇的质量或量其体积，计算收率。

（2）绝对乙醇（含量 99.95％）的制备

① 用金属镁制取。在 250 mL 的圆底烧瓶中，放置 0.6 g 干燥纯净的镁条。加入 10 mL 99.5％乙醇，装上回流冷凝管，并在冷凝管上端附加一只无水氯化钙干燥管。沸水浴或直接加热使其达微沸，移去热源，立刻加入几粒碘片（此时注意不要振荡），即在碘粒附近发生作用，最后可以达到相当剧烈的程度。有时作用太慢则需加热，如果在加碘之后，反应仍不开始，则可再加入数粒碘（一般来说，乙醇与镁的反应是缓慢的，如所用乙醇含水量超过 0.5％，则反应尤其困难）。待全部镁反应完毕后，加入 100 mL 99.5％乙醇和几粒沸石。回流 1 h，蒸馏，产物收存于玻璃瓶中，用一橡皮塞或磨口塞塞住。

② 用金属钠制取。在 250 mL 的圆底烧瓶中，放置 2 g 金属钠，加入 100 mL 99.5％乙醇和几粒沸石，装上回流冷凝管，并在冷凝管上端附加一支无水氯化钙干燥管。沸水浴或用火直接加热，回流 30 min 后，加入 4 g 邻苯二甲酸二乙酯（邻苯二甲酸二乙酯与氢氧化钠反应生成邻苯二甲酸钠和乙醇），再回流 10 min。取下冷凝管，改成蒸馏装置，按收集无水乙醇的要求进行蒸馏。产物收存于玻璃瓶中，用一橡皮塞或磨口塞塞住。

3. 无水甲醇

沸点 65.0 ℃，$n_D^{20} 1.3284$，$d_4^{20} 0.7914$

市售的甲醇，由合成而来，含水量不超过 0.5％～1％。由于甲醇和水不能形成共沸物，为此，可借助高效的精馏柱将少量水除去。精制甲醇含有 0.02％的丙酮和 0.1％的水，一般已可满足要求。如要制得无水甲醇，可用金属镁制取。若含水量低于 0.1％，也可用 3A 或 4A 型分子筛干燥。甲醇有毒，处理时应避免吸入其蒸气。

4. 无水无噻吩苯

沸点 80.2 ℃，$n_D^{20} 1.5011$，$d_4^{20} 0.8786$

普通苯含有少量的水（可达 0.02％），由煤焦油加工得到的苯还含有少量噻吩（沸点 84℃），不能用分馏或分步结晶等方法分离除去。为制得无水无噻吩的苯，可采用下列方法：

在分液漏斗内，将普通苯及 15％苯体积的浓硫酸一起摇荡，摇荡后将混合物静置，弃去底层的酸液，再加入新的浓硫酸，这样重复操作直至酸层呈现无色或淡黄色，且检验无噻吩为止。分去酸层，苯层依次用水、10％碳酸钠溶液、水洗涤，用氯化钙干燥，蒸馏，收集 80℃的馏分。若要高度干燥，可加入钠丝（见无水乙醚）进一步去水。由石油加工得来的苯一般可省去除噻吩的步骤。

噻吩的检验：取 5 滴苯于小试管中，加入 5 滴浓硫酸及 1～2 滴 α, β-吲哚醌-浓硫酸溶液，振荡片刻。如呈墨绿色或蓝色，表示有噻吩存在。

5. 丙酮

沸点 56.2 ℃，$n_D^{20}1.3588$，$d_4^{20}0.7899$

普通丙酮中往往含有少量水及甲醇、乙醛等还原性杂质，可用下列方法精制：

① 在 100 mL 丙酮中加入 0.5 g 高锰酸钾回流，以除去还原性杂质，若高锰酸钾紫色很快消失，需要重新加入少量高锰酸钾继续回流，直至紫色不再消失为止。蒸出丙酮，用无水碳酸钾或无水硫酸钙干燥，过滤，蒸馏，收集 55～56.5 ℃的馏分。

② 于 100 mL 丙酮中加入 4 mL 10％硝酸银溶液及 35 mL 0.1mol·L^{-1} 氢氧化钠溶液，振荡 10 min，除去还原性杂质。过滤，滤液用无水硫酸钙干燥，蒸馏，收集 55～56.5 ℃的馏分。

6. 乙酸乙酯

沸点 77.1 ℃，$n_D^{20}1.3723$，$d_4^{20}0.9003$

市售的乙酸乙酯中含有少量水、乙醇和醋酸，可用下述方法精制。

① 于 100 mL 乙酸乙酯中加入 10 mL 醋酸酐和 1 滴浓硫酸，加热回流 4 h，除去乙醇及水等杂质，然后进行分馏。馏液用 2～3 g 无水碳酸钾振荡干燥后蒸馏，最后产物的沸点为 77 ℃．纯度达 99.7％。

② 将乙酸乙酯先用等体积的 5％碳酸钠溶液洗涤，再用饱和氯化钙溶液洗涤，然后用无水碳酸钾干燥后蒸馏。

7. 二硫化碳

沸点 46.2 ℃，$n_D^{20}1.6279$，$d_4^{20}1.2632$

二硫化碳为有较高毒性的液体（能使血液和神经中毒），它具有高度的挥发性和易燃性，所以使用时必须十分小心，避免接触其蒸气。一般有机合成实验中对二硫化碳要求不高，可在普通二硫化碳中加入少量研碎的无水氯化钙，干燥后滤去干燥剂，然后在水浴中蒸馏收集。

若要制得较纯的二硫化碳，则需将试剂级的二硫化碳用 0.5％高锰酸钾水溶液洗涤 3 次，除去硫化氢，再用汞不断振荡除去硫，最后用 2.5％硫酸汞溶液洗涤，除去所有恶臭物质（剩余的硫化氢），再经氯化钙干燥，蒸馏收集。其纯化过程的反应式如下：

$$3H_2S + 2KMnO_4 \longrightarrow 2MnO_2 \downarrow + 3S \downarrow + 2H_2O + 2KOH$$

$$Hg + S \longrightarrow HgS$$

$$HgSO_4 + H_2S \longrightarrow H_2SO_4 + HgS$$

8. 氯仿

沸点 61.7 ℃，n_D^{20} 1.4476，d_4^{20} 1.4832

普通用的氯仿含有 1% 的乙醇，这是为了防止氯仿分解为有毒的光气，作为稳定剂加进去的。为了除去乙醇，可以将氯仿用其一半体积的水振荡数次，然后分出下层氯仿，用无水氯化钙干燥数小时后蒸馏。

另一种精制方法是将氯仿与少量浓硫酸一起振荡两三次。每 1000 mL 氯仿，用浓硫酸 50 mL。分去酸层以后的氯仿用水洗涤，干燥，然后蒸馏。除去乙醇的无水氯仿应保存于棕色瓶子里，并且不要见光，以免分解。

9. 石油醚

沸点 61.7 ℃，n_D^{20} 1.4476，d_4^{20} 1.4832

石油醚为轻质石油产品，是低分子量烃类（主要是戊烷和己烷）的混合物。其沸程为 30～150 ℃，收集的温度区间一般为 30 ℃ 左右，如 30～60 ℃、60～90 ℃、90～120 ℃ 等沸程规格的石油醚。石油醚中含有少量不饱和烃，沸点与烷烃相近，用蒸馏法无法分离，必要时可用浓硫酸和高锰酸钾把它除去。通常将石油醚用其体积 1/10 的浓硫酸洗涤两三次，再用 10% 的硫酸加入高锰酸钾配成的饱和溶液洗涤，直至水层中的紫色不再消失为止。然后再用水洗，经无水氯化钙干燥后蒸馏。如要绝对干燥的石油醚，则加入钠丝（见无水乙醚）。

10. 吡啶

沸点 115.5 ℃，n_D^{20} 1.5067，d_4^{20} 0.9819

分析纯的吡啶含有少量水分，但已可满足一般应用。如要制得无水吡啶，可与粒状氢氧化钾或氢氧化钠一同回流，然后隔绝潮气蒸出备用。干燥的吡啶吸水性很强，保存时应将容器用石蜡封好。

11. N, N-二甲基酰胺

沸点 149～156 ℃，n_D^{20} 1.4305，d_4^{20} 0.9487

N，N-二甲基酰胺中含有少量水分，在常压蒸馏时有些分解，产生二甲胺与一氧化碳。若有酸或碱存在，分解加快，所以，加入固体氢氧化钾或氢氧化钠在室温放置数小时后，有部分分解。因此，最好用硫酸钙、硫酸镁、氧化钡、硅胶或分子筛干燥，然后减压蒸馏，收集 76 ℃/4.79 kPa（36 mmHg）的馏分。如其中含水较多时，可加入 1/10 体积的苯，在常压及 80 ℃ 以下蒸去水和苯，然后用硫酸镁或氧化钡干燥，再进行减压蒸馏。

N，N-二甲基酰胺中如有游离胺存在，可用 2,4-二硝基氟苯产生颜色来检查。

12. 四氢呋喃

沸点 66 ℃，n_D^{20} 1.4050，d_4^{20} 0.8892

四氢呋喃是具有乙醚气味的无色透明液体，市售的四氢呋喃常含有少量水分及过氧化物。如要制得无水四氢呋喃，可与氢化铝锂在隔绝潮气下回流（通常 1000 mL 需 2～4 g 氢化铝锂），除去其中的水和过氧化物，然后在常压下蒸馏，收集 66 ℃ 的馏分。精制后的液体应在氮气氛中保存，如需放置较久，应加 0.025% 2,6-二叔丁基-4-甲基苯酚作为抗氧剂。处理四氢呋喃时，应先用少量进行实验，以确定只有少量水和过氧化物，反应不至过于剧烈时，方可进行。

四氢呋喃中的过氧化物可用酸化的碘化钾溶液来检验。如过氧化物很多，应另行处理。

13. 二甲亚砜

沸点 189 ℃，$n_\mathrm{D}^{20}1.4783$，$d_4^{20}1.0954$

二甲亚砜为无色、无臭、微带苦味的吸湿性液体。常压下加热至沸腾可部分分解。市售试剂级二甲亚砜含水量约为 1％，通常先减压蒸馏，然后用 4A 型分子筛干燥；或用氢化钙粉末搅拌 4～8 h，再减压蒸馏收集 64～65 ℃/533 Pa（4 mmHg）馏分。蒸馏时，温度不宜高于 90 ℃，否则会发生歧化反应生成二甲砜和二甲硫醚。二甲亚砜与某些物质混合时可能发生爆炸，例如氢化钠、高碘酸或高氯酸镁等，应予以注意。

14. 二氧六环

沸点 101.5 ℃，$n_\mathrm{D}^{20}1.4224$，$d_4^{20}1.0336$

二氧六环与醚的作用相似，可与水任意混合。普通二氧六环中含有少量二乙醇缩醛与水，久贮的二氧六环中还可能含有过氧化物。

二氧六环的纯化，一般加入 10％质量的浓盐酸与之回流 3 h，同时慢慢通入氮气，以除去生成的乙醛，冷却至室温，加入粒状氢氧化钾直至不再溶解。然后分去水层，用粒状氢氧化钾干燥过夜后过滤，再加金属钠加热回流数小时，蒸馏后压入钠丝保存。

15. 1，2-二氯乙烷

沸点 83.4 ℃，$n_\mathrm{D}^{20}1.4448$，$d_4^{20}1.2531$

1，2-二氯乙烷为无色油状液体，有芳香味。可与乙醇、乙醚、氯仿等相混溶。在结晶和提取时是极有用的溶剂，比常用的含氯有机溶剂更为活泼。

一般纯化可依次用浓硫酸、水、稀碱溶液和水洗涤，用无水氯化钙干燥或加入五氧化二磷分馏即可。

⊡ **参考文献**

[1] 陆嫣,刘伟. 有机化学实验 [M]. 成都:电子科技大学出版社,2017.

[2] 熊万明,郭冰之. 有机化学实验 [M]. 北京:北京理工大学出版社,2017.

[3] 郭艳玲,刘雁红,程绍玲,等. 有机化学实验 [M]. 天津:天津大学大学出版社,2018.

[4] 林友文. 有机化学实验指导 [M]. 2版. 厦门:厦门大学出版社,2016.

[5] 吴俊方. 基础化学实验 [M]. 南京:东南大学出版社,2014.

[6] 邵荣,许伟,冒爱荣,等. 化学工程与工艺实验 [M]. 北京:北京大学出版社,2016.

[7] 孟长功,辛剑,等. 基础化学实验 [M]. 2版. 北京:高等教育出版社,2009.

[8] 刁国旺. 新编大学化学实验 [M]. 2版. 北京:化学工业出版社,2016.

[9] 北京大学化学与分子工程学院有机化学研究所. 有机化学实验 [M]. 3版. 北京:北京大学出版社,2015.

[10] 曾向潮. 有机化学实验 [M]. 4版. 武汉:华中科技大学出版社,2015.

[11] 周忠强. 有机化学实验 [M]. 北京:化学工业出版社,2015.

[12] 朱焰,姜洪丽. 有机化学实验 [M]. 2版. 北京:化学工业出版社,2015.

[13] 高占先,于丽梅. 有机化学实验 [M]. 5版. 北京:高等教育出版社,2016.

[14] 庞金兴,袁泉. 有机化学实验 [M]. 武汉:武汉理工大学出版社,2014.

[15] 朱文,贾春满,陈红军. 有机化学实验 [M]. 北京:化学工业出版社,2015.

[16] 叶彦春. 有机化学实验 [M]. 3版. 北京:北京理工大学出版社,2018.

[17] 龙小菊,范宏,姜建辉. 有机化学实验 [M]. 天津:天津科学技术出版社,2018.

[18] 林璇,谭昌会,尤秀丽,等. 有机化学实验 [M]. 2版. 厦门:厦门大学出版社,2016.

[19] 刘良先,陈正旺. 有机化学实验 [M]. 上海:上海交通大学出版社,2015.